1 制作油画效果

2 制作喷绘艺术效果

3 制作像素纹理合成图像

4 制作矢量花纹图像

5 利用动作制作怀旧效果图像

6 调整偏色的图像

7 制作全景图像

8 制作书本创意合成图像

1 制作艺术纹理图像   5 制作加深混合图像

2 为黑白照片添加色彩   6 制作古典艺术效果

3 制作霓虹渐变图像   7 制作立体几何图像

4 制作叠加混合图像   8 制作路径效果文字

1 制作艺术人物效果
2 制作可爱效果的变形文字
3 制作斑驳效果文字
4 制作水晶质感文字
5 制作海报风格文字
6 制作海报人物效果
7 制作日历图像

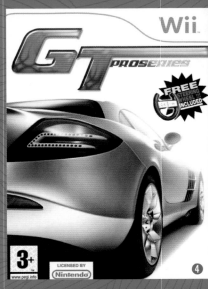

Photoshop CS4
从入门到精通

创意案例版

唐 茜 范自力 周天骄／编著

中国青年出版社
中国青年电子出版社
http://www.21books.com http://www.cgchina.com
中青雄狮

图书在版编目（CIP）数据

Photoshop CS4 从入门到精通：创意案例版 / 唐茜，范自力，周天骄编著．
— 北京：中国青年出版社，2010.5
ISBN 978-7-5006-9292-8
I. ① P... II. ①唐 ... ②范 ... ③周 ... III. ①图形软件，Photoshop CS4 IV. ① TP391.41
中国版本图书馆 CIP 数据核字（2010）第 074112 号

Photoshop CS4从入门到精通：创意案例版

唐　茜　范自力　周天骄　编著

出版发行	中国青年出版社
地　　址	北京市东四十二条 21 号
邮政编码	100708
电　　话	（010）59521188 / 59521189
传　　真	（010）59521111
企　　划	中青雄狮数码传媒科技有限公司
责任编辑	肖　辉　高　原　张海玲
封面设计	刘洪涛
印　　刷	北京机工印刷厂
开　　本	787×1092　1/16
印　　张	22.75
版　　次	2010 年 6 月北京第 1 版
印　　次	2010 年 6 月第 1 次印刷
书　　号	ISBN 978-7-5006-9292-8
定　　价	39.90 元（附赠 1DVD）

本书如有印装质量等问题，请与本社联系　电话：（010）59521188 / 59521189
读者来信：reader@cypmedia.com
如有其他问题请访问我们的网站：www.21books.com

"北大方正公司电子有限公司"授权本书使用如下方正字体。
封面用字包括：方正兰亭黑系列

前 言
FOREWORD

关于本书内容的说明

对于想学习 Photoshop 的读者来说，寻找一本适合的图书很重要。是选择一本几百页甚至上千页的用户手册，花几个月的时间逐一研究每一项功能和参数，还是选择一本容易上手、案例丰富的入门教程，省时省力地就能够学会 Photoshop？两者的区别显而易见，那么选择后者的读者就请翻开本书。本书完全针对读者希望尽快掌握并熟练应用 Photoshop 软件的要求而编写。

本书共分为 11 章，包含选区的创建与编辑、绘画工具的使用、修复与修饰图像、色彩与色调的调整、图层的基本认识与应用、文字的编辑和特效制作、路径及形状工具的应用、蒙版和通道的应用、滤镜的综合应用以及动作的创建和 Web 应用 10 个基本功能实例章节和一个综合应用实例章节。

本书具有两大特点

与市场上众多的手册书籍最大的不同是，本书并不是按部就班、循序渐进地逐一介绍 Photoshop 的基本工具、菜单命令和面板的功能，而是针对初中级读者的学习特点，采用了一种全新的教学思路，充分利用案例教学直观生动、适合自学的优势，将 Photoshop 的所有重点功能总结提炼为 100 多个知识点，完美地融合在 56 个精心设计的案例中，读者只要跟随操作步骤完成每个案例的制作，就可以完全掌握 Photoshop 的技术精髓。

为了使读者的学习更容易上手，本书采用任务驱动式的写作体例，每个案例都通过任务目标、任务向导和任务实现 3 个环节展开。"任务目标"对案例所要制作的效果进行简要阐述，使读者明确学习目标；"任务向导"对完成该案例所需要具备的 Photoshop 技能进行精讲，扫除技术障碍；"任务实现"则详细讲解案例的操作步骤，手把手指导读者完成案例制作。这种更具亲和力的人性化讲解形式，将引导读者被动学习变为主动思考。

学习建议

掌握一个软件只是时间问题，只要勤加练习，每个人都能熟练地应用它，但能否使用这个软件创作出优秀的设计作品，就需要多方面能力的培养和提高了。、Photoshop 只是设计人员提高工作效率和实现创意的工具和手段，掌握艺术设计的基本思维方式和表现技能才是根本。所以我们更希望读者在学习软件操作的同时，能够更多地关注本书案例所包含的设计思路和艺术表现技巧，充分发挥想象、大胆尝试，提高设计的艺术水准和审美能力，才不枉费作者和编者的一番苦心。

编　者

目　录
CONTENTS

CHAPTER 03
修复与修饰图像

CHAPTER 04
色彩与色调的调整

Photoshop CS4从入门到精通（创意案例版）

CHAPTER 05
图层的基本认识与应用

CHAPTER 06
文字的编辑和特效制作

CHAPTER 07
路径及形状工具的应用

CHAPTER 08
蒙版和通道的应用

CHAPTER 09
滤镜的综合应用

选区的创建与编辑

　　本章从 Photoshop 的一些常用和基本的选区处理功能入手，深入浅出地讲解了如何运用各种选取工具创建并编辑选区图像，结合图层和一些简单的图像调整命令，制作完整的设计作品。本章主要运用的选取工具包括选框工具、套索工具、移动工具、魔棒工具，还使用了图像调整命令中的"色相 / 饱和度"、"色彩平衡"等命令。此外，根据作品的需要进行了颜色填充的基本操作，为后面章节中颜色的高级操作打下坚实的基础。

本章案例	知 识 点
Works 01 制作立体文字	多边形套索工具、矩形选框工具、"变换"命令
Works 02 制作圆圈图案合成图像	椭圆选框工具、变换选区、磁性套索工具
Works 03 制作简易合成图像	魔棒工具、快速选择工具
Works 04 制作视觉艺术图像	扩大选取、选取相似、反向、修改选区
Works 05 制作纹理质感合成图像	调整边缘、色彩范围

Works 01　制作立体文字

 任务目标（实例概述）

本实例通过 Photoshop 的多边形套索工具、矩形选框工具以及"变换"命令等配合使用制作完成。在制作过程中，主要难点在于对透视效果要有一定了解、运用多边形套索工具结合渐变工具与"填充"命令绘制文字，以及使用减淡和加深工具加深文字的立体效果。重点在于运用"变换"命令调整图像的透视等变换效果。

光盘路径

原始文件
第 1 章 \01\media\背景 .jpg、飘带 .png

最终文件
第 1 章 \01\complete\ 制作立体文字 .
psd

 任务向导（知识精讲）

序　号	操作概要	知识点	知识水平
1	调整文字的透视效果	多边形套索工具	中级
2	创建文字轮廓	矩形选框工具	初级
3	变换倒影形状和背景图案大小	"变换"命令	中级

1. 多边形套索工具

多边形套索工具 主要用于创建长方形、菱形等多边形轮廓选区。

通过多边形套索工具选项栏，用户不仅可以在创建选区前进行设置，还可以在创建选区后进行编辑。

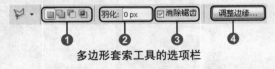

多边形套索工具的选项栏

❶**选区选项**：包括新选区 、添加到选区 、从选区减去 、与选区交叉 4 选项。"新选区"创建新的选区；"添加到选区"创建连续选区，即将新的选区添加到当前选区里；"从选区减去"则从当前选区里减去新选区；"与选区交叉"创建新选区和当前选区的相交部分。

❷**羽化**：设置选区的羽化半径。对选区进行羽化后，选区的边缘被虚化。px 表示以像素为单位的虚化程度，参数越大，边缘越虚化。

❸**消除锯齿**：消除创建选区时出现的锯齿现象，使选区边缘平滑。

❹**调整边缘**：创建选区时此选项处于激活状态，通过"调整边缘"对话框对选区进行半径、对比度等高级选项的设置，后面将做详细讲解。

2. 矩形选框工具

矩形选框工具⬚与椭圆选框工具◯都是最为常用的选框工具，用于选取简单较规则的选区。使用矩形选框工具时，在图像中按住鼠标左键并拖动即可创建选区。

选框工具的选项项与套索工具相似，下面对不同的选项进行介绍。

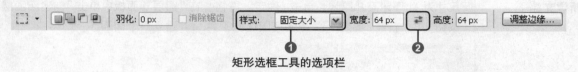

矩形选框工具的选项栏

❶ **样式**：包括正常、固定比例与固定大小三个选项。其中"正常"是指自由拖动选取选区；"固定比例"通过在文本框中输入宽度与高度的比例值来固定选区的比例大小，可拖出比例固定的任意大小的选区；"固定大小"通过在文本框中输入宽度与高度值来固定选区的具体大小，单击并拖动创建即可。注意下面 3 张图片中的鼠标位置。

"正常"样式 　　　　 "固定比例"样式 　　　　 "固定大小"样式

❷ **"高度和宽度互换"按钮**▣：单击该按钮互换高度和宽度的参数值。

3. "变换"命令

执行"编辑 > 变换"命令，在弹出的子菜单中包括了缩放、旋转、斜切、扭曲、透视、变形，以及水平和垂直翻转等各种变换命令。执行某个命令可对图像进行相应的变换操作。要在各个变换命令之间切换，在编辑框内单击鼠标右键，在弹出的快捷菜单中执行要切换的命令即可。

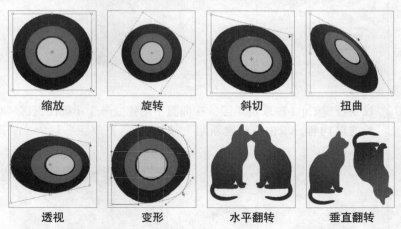

缩放 　　　　 旋转 　　　　 斜切 　　　　 扭曲

透视 　　　　 变形 　　　　 水平翻转 　　　　 垂直翻转

使用快捷键 Ctrl+T 或执行"编辑 > 自由变换"命令，弹出自由变换编辑框，配合快捷键的使用，可以实现"变换"命令中除"变形"外的所有功能。按住 Shift 键拖动可等比缩放和旋转；按住 Alt 键拖动可从中心缩放；按住 Ctrl 键拖动可进行斜切和扭曲；按住快捷键 Ctrl+Alt 拖动可进行透视变换。

任务实现（操作步骤）

STEP 01
新建文档

执行"文件 > 新建"命令，在"新建"对话框中设置"名称"为"制作立体文字"，尺寸为 11 厘米 x 8 厘米，单击"确定"按钮。在"图层"面板中单击"创建新图层"按钮，新建"图层 1"。单击椭圆选框工具，建立一个椭圆。

STEP 02
编辑渐变色标

单击渐变工具，在选项栏中单击渐变颜色条，在弹出的"渐变编辑器"中单击第一个色标，然后双击"颜色"选项的缩览图，在弹出的"选择色标颜色"对话框中设置 RGB 颜色参数，单击"确定"按钮完成操作。

STEP 03
渐变填充

使用相同的方法设置第二个色标的颜色为（R217、G126、B126），第三个色标的颜色为（R254、G225、B225）。然后在选区中从上到下拖动鼠标，填充选区。

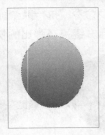

STEP 04
删除多余选区

按快捷键 Ctrl+D 取消选区，在椭圆中间建立一个小椭圆选区，单击 Delete 键删除选区内容。单击"创建新组"按钮，更改组名称为"o"，并将"图层 1"拖入组内。

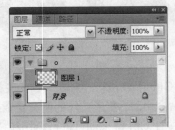

STEP 05
复制图层

选择"图层 1",单击移动工具 🞠,按住 Alt 键,当鼠标指针变为 🞠 时不停按键盘的→键,复制 93 层图层,在"图层"面板中选择复制出的图层,单击鼠标右键,在快捷菜单中选择"合并图层"命令,并将其放在"图层 1"下。

STEP 06
调整字母 O 的立体感

选择"图层 1 副本 93",执行"图像 > 调整 > 曲线"命令,如图设置参数,使字母 O 呈现立体感。

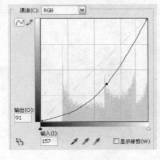

STEP 07
创建字母 N

新建组,命名为"n",新建"图层 2",单击矩形选框工具 🞠 建立选区,单击多边形套索工具 🞠,按住 Alt 键从矩形选区中减去相应的范围,按住快捷键 Ctrl+R,从左侧拖入参考线,继续减去下方的选区,使选区呈现 N 形。

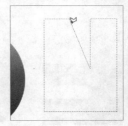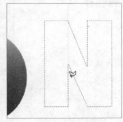

STEP 08
调整透视效果

单击渐变工具 🞠 从上向下填充选区,按快捷键 Ctrl+T 弹出自由变换编辑框,按住 Shift 与 Ctrl 键,向上拖动左下角的节点,使文字呈现透视效果。用前文所讲方法复制图层 2 到 90 层,并合并复制图层,将其放在"图层 2"下。

STEP 09
调整字母 N 的立体感

选择"图层 2 副本 90"，执行"图像 > 调整 > 曲线"命令，如图设置参数，使字母 N 呈现出立体感。

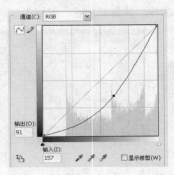 

STEP 10
创建字母 E

新建组，命名为"e"，新建"图层 3"，单击矩形选框工具建立选区，从上方拖入参考线将选区 3 等分，按住 Alt 键减去多余选区，使选区呈现 E 形状。

 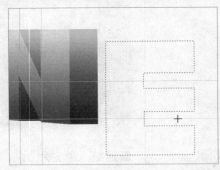

STEP 11
调整字母 E

填充选区并对文字进行透视变换，使用之前的方法对图层进行复制与合并。

STEP 12
调整字母 E 的立体感

选择"图层 3 副本 100"图层，执行"图像 > 调整 > 曲线"命令，如图设置参数，使字母 E 呈现立体感，文字效果如图所示。

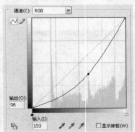 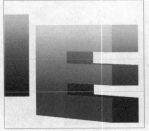 

STEP 13
完善细节

单击多边形套索工具 ⬚，在字母 O 下方建立选区，选择"图层 1 副本 93"，按 Delete 键清除选区内容，用相同方法修改字母 N 的边缘，使文字的透视更合理。

STEP 14
调整字母 E 透视
效果

选择"图层 3 副本 100"图层，单击移动工具 ⬚，将图层向上移动一定距离，单击多边形套索工具 ⬚，在文字下方残缺的一角上建立选区，并填充与周围一致的颜色。使用相同的方法对几处残缺的边角进行处理，并建立矩形选区删去字母 E 上方多出来的图像。

STEP 15
调整字母位置

完成透视处理后的字母效果如图所示，分别选择各组，使用移动工具 ⬚ 将字母排列为如图所示的状态。

STEP 16
调整字母正面的
边缘

按住 Ctrl 键单击"图层"面板中"图层 1"的缩览图，将自动建立字母 O 的选区，执行"选择 > 修改 > 收缩"命令，设置"收缩量"为 5，然后单击减淡工具 ⬚，设置画笔大小与曝光度等参数，在选区内涂抹，减淡选区内颜色。使用相同方法分别处理字母 N 与 E，增强字母立体感。

画笔: 127 ▾　范围: 中间调 ▾　曝光度: 10% ▸

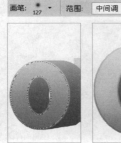

STEP 17
添加背景

打开本书配套光盘中的第 1 章 \01\media\ 背景 .jpg 文件，将其拖入新建文件中成为"图层 4"，放置在"背景"层之上。

STEP 18
设置图层样式

选择"图层 1"，单击图层面板下方的"添加图层样式"按钮 *fx.*，选择"斜面和浮雕"命令，如图设置参数，调节字体向光面的立体感。使用相同方法对"图层 2"和"图层 3"进行设置。

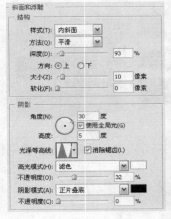  

STEP 19
减淡高光与加深阴影

选择"图层 1 副本 93"，单击加深工具，设置较小的曝光度，在字母 O 的内侧以及下方涂抹，加深阴影效果。以相同方式处理字母 N 与 E，需要注意在处理字母 E 时，需要对平行于地面的两个面先建立选区再进行加深处理。单击减淡工具，结合文字整体效果，在字母光亮处涂抹，使高光效果更明显。

STEP 20
**设置字母 O 的
投影**

选择"图层 1 副本 93",单击"图层"面板下方的"添加图层样式"按钮 *fx*,选择
"投影"命令,设置颜色为深褐色(R105、G30、B19),如图设置其他参数,添加
字母 O 对 N 的投影效果。

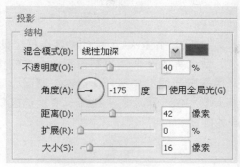

STEP 21
**添加整体文字的
阴影**

新建"图层 5",将其放在"背景"层之上,单击多边形套索工具,并设置羽化
半径为 20 像素,对选区填充深褐色(R71、G33、B26),完成后取消选区。

STEP 22
添加飘带

打开本书配套光盘中的第 1 章 \01\media\ 飘带 .png 文件,将其拖入文件成为"图
层 6",按快捷键 Ctrl+T 对飘带进行变换,使其与字体更好的结合,然后单击多边
形套索工具,在上方两条飘带与文字重叠的部分建立选区,按下 Delete 键删除
选区内容,使其产生层次感。至此,本实例制作完成。

Works 02　制作圆圈图案合成图像

 任务目标（实例概述）

　　本实例通过 Photoshop 中的椭圆选框工具、磁性套索工具、"变换选区"命令等的配合使用制作完成。在制作过程中，主要难点在于运用椭圆选框工具结合快捷键绘制同心圆，以及运用磁性套索工具抠取图像。重点在于执行"变换选区"命令变换选区，创建不同的圆。

光盘路径

原始文件
第 1 章 \02\media\015.png～022.png、023.psd、024.png 等

最终文件
第 1 章 \02\complete\ 制作圆圈图案合成图像 .psd

 任务向导（知识精讲）

序　号	操作概要	知识点	知识水平
1	绘制圆	椭圆选框工具	初级
2	绘制同心圆	变换选区	中级
3	抠取素材图像	磁性套索工具	中级

1. 椭圆选框工具

　　选框工具是最为常用的创建选区的工具，用于创建简单规则的选区，其中椭圆选框工具◯在图像中创建椭圆形和正圆形的选区。右击矩形选框工具▣，可在弹出的隐藏工具列表中选择椭圆选框工具◯。创建的选区可以通过移动工具或者键盘中的方向键进行移动。

　　椭圆选框工具的选项栏和其他选框工具的选项栏一致。

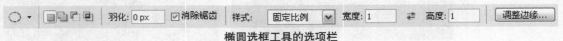

椭圆选框工具的选项栏

2. "变换选区"命令

　　"变换选区"命令主要对选区进行缩放、旋转、变形和斜切等一系列变换操作。执行"选择 > 变换选区"命令或创建选区后单击鼠标右键，在弹出的快捷菜单中执行"变换选区"命令，通过拖动变换编辑框对选区进行变换。执行该命令时选项栏切换到变换选区的选项栏。下面讲解通过设置选项栏来编辑选区。

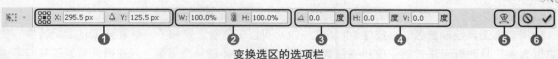

变换选区的选项栏

❶**参考点位置**：通过单击参考点选取器，或在水平和垂直参考点的文本框中输入具体参数值，设置参考点的水平参考位置（X）和垂直参考位置（Y）。

❷**缩放比例**：设置选区水平和垂直缩放百分比。其中"保持长宽比"按钮用于保持长宽比例。右击文本框，可在弹出的菜单中选择缩放的单位。

❸**旋转**：在文本框中输入参数或在图标上左右拖移，设置选区的旋转角度。

❹**水平斜切（H）/ 垂直斜切（V）**：设置选区的水平和垂直斜切角度。

❺**在自由变换和变形模式之间切换**：单击该按钮可在自由变换和变形操作之间切换。其中变形通过拖动变形封套对图像的各部分进行精确的变形操作。

❻**取消变换 / 进行变换**：取消当前变换操作 / 应用当前变换操作，后者的功能和 Enter 键相同。

   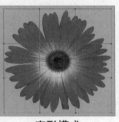

x：338.5px，y：136.5px　　缩放比例为 50%　　旋转为 -6.6°　　变形模式

3. 磁性套索工具

套索工具用于创建不规则的选区，包括套索工具、多边形套索工具和磁性套索工具。磁性套索工具主要用于色差比较明显的图像区域，磁性套索工具像具有磁性般地附着在图像边缘，拖动鼠标将沿着图像边缘自动绘制出选区。磁性套索工具是比较智能的工具，选项栏的设置不同于其他套索工具。

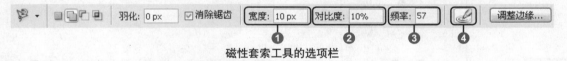

磁性套索工具的选项栏

❶**宽度**：设置与边的距离以区分路径，同时也定义使用磁性套索工具时移动鼠标的速度。对于勾勒规则边界或者临近对象的边界比较明显的图像时，设置较大的宽度来快速勾勒对象；临近对象的边界比较模糊、对比度弱，则设置较小的宽度来仔细勾勒对象。

❷**对比度**：设置边缘对比度以区分路径，定义在查找边界时以多大的对比度值来勾勒。临近对象的边界比较明显，设置较大的对比度；临近对象的边界比较模糊，则设置较小的对比度。

❸**频率**：表示设置锚点添加到路径中的密度。

宽度为 10px　　　宽度为 100px　　　频率为 100

Photoshop CS4从入门到精通（创意案例版）

❹光笔压力 ：使用绘图板压力以更改钢笔的宽度。增加压力会使宽度值变小。

使用套索工具绘制选区时，按住 Alt 键单击鼠标可以在套索工具和多边形套索工具之间转换；使用多边形套索工具时则无法转换；使用磁性套索工具时按住 Alt 键单击鼠标，只在磁性套索工具与多边形套索工具之间转换。

任务实现（操作步骤）

STEP 01
新建文档

执行"文件 > 新建"命令，在弹出的"新建"对话框中设置"名称"为"制作圆圈图案合成图像"，尺寸为 10 厘米 ×15.6 厘米，完成后单击"确定"按钮。

STEP 02
创建正圆选区

单击"图层"面板中的"创建新图层"按钮 ，新建"图层 1"，然后单击椭圆选框工具 ，按住 Shift + Alt 键的同时从中心绘制正圆。

STEP 03
绘制并填充圆

单击工具箱中的"默认前景色和背景色"按钮 ，设置前景色为黑色，然后按快捷键 Alt+Delete 填充选框。使用与前面相同的方法，新建"图层 2"，沿黑色圆的中心绘制一个小圆并填充为橙色（R234、G114、B0），完成后按快捷键 Ctrl+D 取消选区。

STEP 04
变换选区

使用相同的方法再绘制一个黑色的圆，注意保持椭圆选区。然后执行"选择 > 变换选区"命令，按住 Shift 键的同时向内拖动变换编辑框，缩小选区，完成后按 Enter 键应用变换，然后按 Delete 键删除选区图像。

20

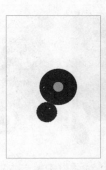
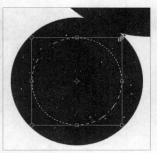

STEP 05
绘制多层次的圆

使用与前面相同的方法，利用"变换选区"命令继续在圆中绘制多个层次的圆，注意每个圆各新建一个图层。完成后新建一个图层并绘制如下右图所示的圆。

STEP 06
复制副本

单击移动工具 ，按住 Alt 键的同时向右拖动圆，复制一个圆的副本。然后执行"编辑 > 变换 > 缩放"命令，弹出变换编辑框后按住 Shift 键向内拖动，缩小圆的副本，完成后按下 Enter 键应用变换，并使用移动工具调整位置。

STEP 07
继续复制副本

使用相同方法，复制圆的多个副本并适当调整大小和位置，完成后新建图层并继续绘制各种形态的圆。

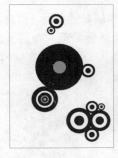

STEP 08
创建多边形选区

新建一个图层并按快捷键 Shift+Ctrl+"["，将其置为底层。然后单击多边形套索工具 ，沿圆之间的空隙轮廓依次单击，创建多边形选区，完成多个选区的创建后填充为黑色。

STEP 09
创建磁性套索的
选区

执行"文件 > 打开"命令，在弹出的"打开"对话框中单击本书配套光盘中第 1 章 \
02\media\026.jpg 文件，单击"打开"按钮打开素材文件。单击磁性套索工具，
沿鸟的边缘拖动建立磁性套索，封闭套索后建立选区。

STEP 10
选取对象并拖移
至图像窗口中

单击移动工具，将选区中的图像拖移至"制作圆圈图案合成图像"的图像窗口
中，然后适当调整图像的大小和位置。完成后打开本书配套光盘中第 1 章 \02\
media\025.jpg 文件，然后使用相同的方法，选取对象并将其拖移至当前操作的图
像窗口中，适当调整对象的大小和位置。

STEP 11
添加图像元素

使用相同的方法，继续导入本书配套光盘中的其他素材，根据画面的整体效果调整
各素材的大小和位置，注意调整好图像的层叠关系。最后为画面再添加圆的图像
元素，设置草所在图层的混合模式为"差值"。至此，本实例制作完成。

Works 03 制作简易合成图像

任务目标（实例概述）

本实例通过 Photoshop 中的魔棒工具、快速选择工具等的配合使用制作完成。在制作过程中，主要难点在于快速选择工具结合快捷键的运用，创建不同的图像选区。重点在于运用魔棒工具和快速选择工具时均要设置合适的羽化值和画笔大小，从而创建需要的选区。

光盘路径

原始文件
第 1 章 \03\media\02.png、03.jpg~05.jpg、06.png~09.png

最终文件
第 1 章 \03\complete\ 制作简易合成图像 .psd

任务向导（知识精讲）

序　号	操作概要	知识点	知识水平
1	选取文字图像	魔棒工具	初级
2	选取颜色复杂的图像	快速选择工具	中级

1. 魔棒工具

魔棒工具用于快速选择相似的颜色区域，通过在图像中单击或连续单击创建选区。魔棒工具根据图像的饱和度、色度或亮度等信息来选择对象的范围，并且通过设置容差值来控制选区的精确度。

单击魔棒工具切换到魔棒工具选项栏，进行创建选区的预置与编辑。

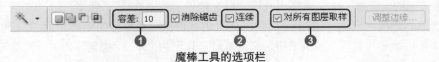

魔棒工具的选项栏

❶**容差**：设置颜色取样时的范围。容差值越高，颜色被选择的范围越大。

容差：20　　　　　　　　容差：100

❷**连续**：只对连续像素取样。相同颜色且相连的像素都会被选中；取消勾选该复选框时不管颜色是否连接，只要是相同颜色的像素则全部被选择。

勾选"连续"复选框　　　　　取消勾选"连续"复选框

❸**对所有图层取样**：从复合图像中进行颜色取样，即设置基于单个图层还是所有可见图层进行颜色选择范围的操作。

2．快速选择工具

快速选择工具结合画笔和魔棒工具的特点，并以画笔形式创建选区。快速选择工具在扩大颜色范围、连续选取时能进行自由操作，一旦创建了选区，再使用快速选择工具 在画面中拖动可以将新创建的选区自动添加到原来的选区中。

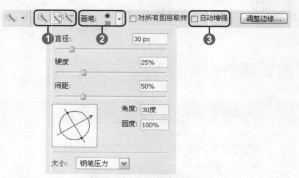

快速选择工具的选项栏

❶**创建选区**："新选区"按钮 用于创建新选区；"添加到选区"按钮 用于创建多个选区；"从选区减去"按钮 用于从当前选区中减去选区。创建选区后将从"新选区"自动转换到"添加到选区"状态。

❷**画笔**：单击画笔右侧扩展按钮，打开"画笔"拾取器。其中"直径"定义画笔直径大小，若选取画面中离边缘较远的大区域，则设置较大直径，反之则设置较小直径；"硬度"定义选区边缘的清晰度，硬度越大则选取的范围大且边缘清晰；"间距"定义选取时画笔落点间的距离；"角度"和"圆度"共同定义画笔的形态；"大小"右侧下拉列表中定义画笔动态控制为"关"、"钢笔压力"、"光笔轮"三种。

硬度为 25%　　　　　硬度为 100%　　　　　间距为 50%　　　　　间距为 1000%

❸**自动增强**：自动将选区向图像边缘进一步流动并应用一些边缘调整。

任务实现（操作步骤）

STEP 01
新建文档

执行"文件 > 新建"命令，在弹出的"新建"对话框中设置"名称"为"制作简易合成图像"，尺寸为 10.6 厘米 ×15 厘米，然后单击"确定"按钮。

STEP 02
设置渐变预设

单击渐变工具，在选项栏中单击"线性渐变"按钮，单击渐变颜色条，在弹出的"渐变编辑器"中设置色标依次为深蓝色（R0、G29、B24）、蓝色（R23、G48、B152）、深蓝色（R0、G29、B24）。完成后在图像窗口中从左至右沿对角线拖动，渐变填充"背景"图层。

STEP 03
选取图像区域

执行"文件 > 打开"命令，打开本书配套光盘中第 1 章 \03\media\02.png 文件，然后单击魔棒工具，在选项栏中单击"添加到选区"按钮，设置"容差"为40，完成后选择较大一些文字的颜色区域。

STEP 04
填充选区

设置前景色为蓝色（R2、G171、B249），按快捷键 Alt+Delete 填充前景色，完成后按快捷键 Ctrl+D 取消选区，最后选择较小的文字区域并按快捷键 Ctrl+Delete 填充背景色。

STEP 05
自由变换图像

取消选区选择后单击移动工具 <img>，将文字拖移至"制作简易合成图像"的图像窗口中，得到"图层 1"，然后按快捷键 Ctrl+T 弹出自由变换编辑框，在选项栏的"旋转"选项中输入 -52°，按下 Enter 键应用变换。

STEP 06
复制副本

按住 Alt 键的同时拖动文字，复制"图层 1 副本"，然后单击多边形套索工具 <img>，沿蓝色文字创建选区，完成后使用移动工具调整文字位置。

STEP 07
选取并填充图像

保持选区，按快捷键 Ctrl+T，拖动自由变换编辑框缩小文字，并拖动文字，调整文字位置，然后按下 Enter 键应用变换。完成后使用与前面相同的方法，重新填充文字的颜色，最后调整到画面右下方。

STEP 08
选取背景

执行"文件 > 打开"命令，打开本书配套光盘中第 1 章 \03\media\04.jpg 文件，然后单击魔棒工具 <img>，依次单击背景图像中的各个区域，全选背景图像。

STEP 09
选取并拖移图像

单击矩形选框工具 ▭，按住 Shift 键的同时框选左侧的音响，只保留右方的音响不被选择，然后按快捷键 Shift+Ctrl+I 反向选取，再使用移动工具 ▸⊹ 将选区图像拖移至"制作简易合成图像"中，注意调整图层位置。

STEP 10
水平翻转图像

对"图层 2"按快捷键 Ctrl+T，然后在弹出的自由变换编辑框中单击鼠标右键，在弹出的快捷菜单中单击"水平翻转"命令，按 Enter 键应用。完成后选取另一个音响并拖移至当前操作的图像窗口中。

STEP 11
透视变换图像

打开本书配套光盘中第 1 章 \03\media\05.jpg 文件，使用相同方法，选取图像并将其拖移至当前操作的图像窗口中，执行"编辑 > 变换 > 透视"命令，拖动编辑框进行透视变换，完成后复制多个音响。

STEP 12
快速选择图像

打开本书配套光盘中第 1 章 \03\media\03.jpg 文件，然后单击快速选择工具 ✎，在"画笔"拾取器中设置"直径"为 400px，完成后在背景上依次单击选取图像区域。

STEP 13
选取人物并拖移
至新的图像窗口

按下"["键，调小画笔直径，使其大小适合细小的图像区域，全选背景图像，按快捷键 Shift+Ctrl+I 反向选取，用移动工具将人物拖至当前窗口中，调整图层顺序。

STEP 14
重新填充颜色

打开本书配套光盘中第 1 章 \03\media\06.png 文件，将其拖移至当前操作的图像窗口中并复制一个副本，单击"图层"面板中的"锁定透明像素"按钮，锁定副本图像的透明像素，然后将其填充为文字颜色，并调整到文字后面。

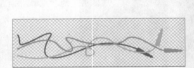 

STEP 15
设置混合模式

右击画面远处的音响，在弹出的快捷菜单中单击对应的图层名称，选择该图层，然后在"图层"面板中设置混合模式为"变暗"。完成后为画面添加本书配套光盘中的其他素材，并对一些素材重新填充颜色。

STEP 16
设置不透明度

复制一个人物副本，选择原图层并使用移动工具适当向右进行位移，使用与前面相同的方法，锁定图像的透明像素并填充白色，完成后在"图层"面板中设置"不透明度"为 50%。至此，本案例完成。

Works 04 制作视觉艺术图像

 任务目标（实例概述）

本实例通过 Photoshop 中的扩大选取、修改选区、反向以及选取相似等命令的配合使用制作完成。在制作过程中，主要难点在于运用快速选择工具结合"扩大选取"命令，对相同的颜色图像区域创建选区。重点在于运用修改选区、反向、选取相似的结合使用，灵活地创建选区。

光盘路径

原始文件
第 1 章 \04\media\028.jpg~032.png、033.png~036.png

最终文件
第 1 章 \04\complete\ 制作视觉艺术图像 .psd

 任务向导（知识精讲）

序 号	操作概要	知识点	知识水平
1	选取相同颜色的图像区域	扩大选取	中级
2	选取所有白色背景	选取相似	中级
3	反向选取图像	反向	中级
4	平滑选区	修改选区	高级

1."扩大选取"命令

执行"选择 > 扩大选取"命令，用于创建邻近区域内相似色彩的像素选区。在魔棒工具的选项栏中设置容差值，容差值的大小决定了颜色取样时的范围，也决定了扩大选取时选区扩大的范围。容差越大，扩大选取的范围也越大。

创建的选区

"容差"为 20

"容差"为 100

2."选取相似"命令

执行"选择 > 选取相似"命令，用于全选在相邻和不相邻区域内相似颜色的图像。同样可以在魔棒工具的选项栏中设置容差值，容差值的大小决定选取相似时选区扩大的范围。

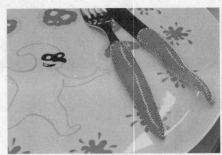
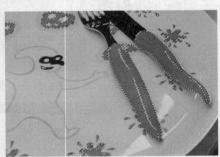

创建的选区 选取相似

3."反向"命令

执行"选择 > 反向"命令或按快捷键 Shift+Ctrl+I，或者使用选框工具等选取工具选择后单击鼠标右键，在弹出的快捷菜单中单击"选择反向"命令。反向主要用于选取当前选区以外的选区为选取的图像区域。使用该命令可以先选取简单的背景再进行反向，从而选取复杂的图像。

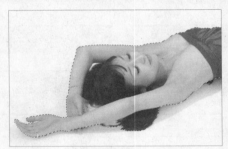
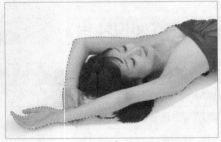

选取背景 反向

Photoshop CS4 还具有一个"反相"命令，其产生效果和"反向"截然不同。"反相"是将图像中的颜色进行翻转，重新创建为补色。

4.修改选区

执行"选择 > 修改"命令，在弹出的子菜单中包括边界、平滑、扩展、收缩、羽化命令。其中"边界"命令用于在已有的选区中创建双重选区，通过在"边界选区"对话框中设置"宽度"，定义边界的宽度。参数越大，边界越宽，边界的填充颜色就越模糊。

"边界选区"对话框 宽度为 50 像素 宽度为 200 像素

　　"平滑"命令针对不规则的粗糙选区进行平滑处理。通过"平滑选区"对话框设置"取样半径"，取样半径的参数决定了选区的平滑度。参数越大，选区就越平滑。

"平滑选区"对话框　　　　　　创建的选区　　　　　　取样半径为 100 像素

　　"扩展"命令在保持原有选区形状时，扩大选区的范围。通过"扩展选区"对话框设置"扩展量"，参数越大，选区向外扩展的范围就越广。

"扩展选区"对话框　　　　　　创建的选区　　　　　　　扩展

　　"收缩"命令将当前选区范围缩小，与"扩展"命令相反。通过"收缩选区"对话框设置"收缩量"，参数越大，选区向内收缩的范围就越广。

"收缩选区"对话框　　　　　　创建的选区　　　　　　　收缩

　　"羽化"用于虚化选区的边缘，创建柔和模糊的效果。通过"羽化选区"对话框设置"羽化半径"，羽化半径参数越大，边缘越柔和。

"羽化选区"对话框　　　　羽化半径为 20 像素　　　　羽化半径为 100 像素

任务实现（操作步骤）

STEP 01
新建文档

执行"文件 > 新建"命令，在弹出的"新建"对话框中设置"名称"为"制作视觉艺术图像"，尺寸为 21 厘米 ×10 厘米，然后单击"确定"按钮。在拾色器中设置前景色为棕色（R72、G31、B7），并按快捷键 Alt + Delete 填充"背景"图层。

STEP 02
创建多边形选区

单击"图层"面板中的"创建新图层"按钮 ，新建"图层 1"，然后单击多边形套索工具 ，在画面中依次单击，创建一个复杂的多边形选区，完成后按快捷键 Ctrl+Delete 填充背景色，再按快捷键 Ctrl+D 取消选区。

STEP 03
添加素材

执行"文件 > 打开"命令，打开本书配套光盘中第 1 章 \04\media\028.jpg 文件，单击移动工具 ，将其拖移至"制作视觉艺术图像"的图像窗口中，得到"图层 2"，适当调整大小和位置。

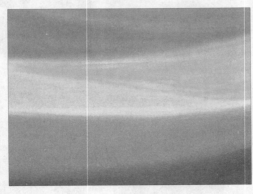 

STEP 04
选取图像区域

单击快速选择工具 ，设置画笔"直径"为 150px，单击橘红色图像区域，然后执行"选择 > 扩大选取"命令，选取相同颜色的图像区域。

STEP 05
填充选区

设置前景色为黄色（R253、G212、B22）并填充选区，然后使用相同的方法，选取紫色区域，可以执行多次"扩大选取"命令，选取具有相同颜色的细小区域，完成后填充选区为橙色（R255、G179、B44）。

STEP 06
创建选区

使用相同的方法，分别选取其他颜色区域并填充同色系的颜色。然后执行"文件 > 打开"命令，打开本书配套光盘中第 1 章 \04\media\029.jpg 文件，单击快速选择工具 ，选取白色图像区域。

STEP 07
修改选区

执行"选择 > 选取相似"命令，选取所有白色背景，然后执行"选择 > 反向"命令，选取三叶草，最后执行"选择 > 修改 > 平滑"命令，在弹出的"平滑选区"对话框中设置"取样半径"为 5 像素，单击"确定"按钮。

平滑选区	✕
取样半径(S): 5 像素	确定 / 取消

STEP 08
填充图像

使用移动工具 将选区图像拖移至"制作视觉艺术图像"图像窗口中，得到"图层3"，适当调整图像的大小和位置。然后单击"图层"面板中的"锁定透明像素"按钮，完成后设置前景色为棕色（R106、G20、B5）并填充图像。

STEP 09
复制图像

将"图层3"拖移至"创建新图层"按钮 处，复制一个"图层3副本"，重新填充颜色后调整大小，然后按快捷键 Ctrl+"["后移一层，再复制一个副本并调整大小和位置。完成后打开本书配套光盘中第1章\04\media\030.jpg 文件，使用相同方法选取树叶。

STEP 10
渐变填充图像

将选区图像拖移至"制作视觉艺术图像"图像窗口中，得到"图层4"，然后单击"图层"面板中的"锁定透明像素"按钮，锁定图像透明像素，再单击渐变工具，在"渐变编辑器"中设置色标为红色（R219、G42、B48）和橘红色（R255、G142、B45），完成后从左至右渐变填充。

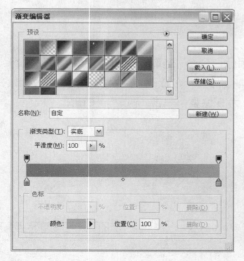

STEP 11
填充图像

打开本书配套光盘中第 1 章 \03\media\031.jpg 文件，然后使用相同的方法，选取图像并将其拖移至当前操作的图像窗口中，得到"图层 5"，完成后重新填充玫瑰红（R240、G23、B102）。

STEP 12
复制图像

分别复制"图层 4"和"图层 5"，适当调整副本图像的大小和位置，并根据画面效果重新填充颜色，完成后继续添加素材以丰富画面。

STEP 13
合并图层并重命名图层

在"图层"面板中按住 Shift 键全选步骤 10 ～步骤 12 创建的五彩树叶及其变形图像，然后按快捷键 Ctrl+E 合并这些图层，再双击合并图层的名称，将其重命名为"五彩"，最后单击矩形选框工具[ ]，框选多余的图像后按下 Delete 键删除。

STEP 14
添加其他素材

最后继续打开本书配套光盘中的其他素材文件，将其分别拖移至当前操作的图像窗口中，重新填充颜色并适当调整其大小和位置，完成本实例的制作。

Works 05 制作纹理质感合成图像

 任务目标（实例概述）

本实例通过 Photoshop 中的调整边缘、色彩范围以及图像调整命令的配合使用制作完成。在制作过程中，主要难点在于运用快速选择工具结合"调整边缘"命令，创建精确且灵活的选区。重点在于根据图像的颜色区域运用色彩范围来创建选区。

光盘路径	原始文件
	第 1 章 \05\media\037.png~048.png、049.jpg、050.psd 等
	最终文件
	第 1 章 \05\complete\ 制作纹理质感合成图像 .psd

 任务向导（知识精讲）

序　号	操作概要	知识点	知识水平
1	调整背景选区的边缘	调整边缘	高级
2	选取相似的图像	色彩范围	中级

1. 调整边缘

"调整边缘"是对选区边缘进行调整，从而创建更加精确且灵活的选区。可在任意选取工具的选项栏中单击"调整边缘"按钮 ，弹出"调整边缘"对话框。按 P 键可以切换边缘调整的预览。按 F 键在图像中以循环预览模式查看图像，按 X 键临时查看图像。

创建选区

"调整边缘"对话框

❶ **半径**：改善包含柔化过渡或细节的区域中的边缘。

❷ **对比度**：去除模糊边缘的不自然感，使柔和边缘变得犀利。

❸ **平滑**：去除选区边缘的锯齿状边缘。使用"半径"可以恢复一些细节。

❹ **羽化**：使用平均模糊柔化选区边缘。要获得更精细的结果，请使用"半径"。

⑤**收缩／扩展**：减小以收缩选区边缘；增大以扩展选区边缘。

⑥**选区预览**：依次为标准、快速蒙版、黑底、白底和蒙版。其中"标准"预览具有标准选区边界的选区。在柔化边缘选区上，边界将会围绕被选中 50% 以上的像素。"快速蒙版"将选区作为快速蒙版预览。双击该图标弹出"快速蒙版选项"对话框，可以编辑快速蒙版预览设置。

标准 　　　　　　　 快速蒙版 　　　　　 "快速蒙版选项"对话框

"黑底"在黑色背景下预览选区。"白底"在白色背景下预览选区。"蒙版"预览定义选区的蒙版。

黑底 　　　　　　　 白底 　　　　　　　 蒙版

2."色彩范围"命令

"色彩范围"命令利用图像中的颜色变化来创建选区。执行"选择 > 色彩范围"命令，在弹出的"色彩范围"对话框中选择一个标准颜色或用吸管在图像中吸取颜色，然后在"颜色容差"设置允许范围，则图像中所有在这个范围内的色彩区域都将成为选区。该命令适用于在颜色对比度大的图像中创建选区。

原图 　　　　　　　　　　 色彩范围"对话框

❶**选择**：在其下拉列表中选择的颜色为设置选区的颜色选取标准，一般情况下，选择的都是能够在图像中直接选择的颜色，以便进行调整。

❷**颜色容差**：表示选择颜色的范围，容差参数越大，可选范围就越大。

❸**选区预览**：此下拉列表中包括无、灰度、黑色杂边、白色杂边和快速蒙版。其中"无"不显示选择区域。"灰度"以灰度图像来表示选择区域；"黑色杂边"以黑色表示未被选中的区域；"白色杂边"以白色表示未被选中的区域。"快速蒙版"以蒙版区域表示未被选中的区域。

❹**添加到取样**：同时创建多个色彩范围的取样。

❺**从取样中减去**：从当前创建的色彩范围的取样中减去色彩范围。

❻**反相**：翻转当前取样创建的色彩范围。即原来表示选取的图像取样将变为不被选取的部分。

任务实现（操作步骤）

STEP 01
新建文档

执行"文件 > 新建"命令，在弹出的"新建"对话框中设置"名称"为"制作纹理质感合成图像"，尺寸为 10 厘米 ×14.1 厘米，单击"确定"按钮。执行"文件 > 打开"命令，打开本书配套光盘中第 1 章 \05\media\038.png 文件。

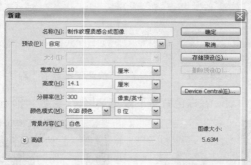
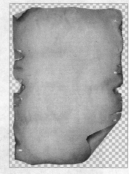

STEP 02
添加素材

单击移动工具，将打开的素材文件拖移至"制作纹理质感合成图像"的图像窗口中，得到"图层 1"，适当调整素材图像的位置。

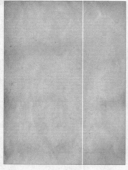
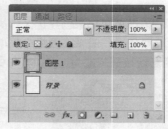

STEP 03
调整色彩平衡

执行"图像 > 调整 > 色彩平衡"命令，在弹出的"色彩平衡"对话框中分别设置各个通道的色阶，完成后单击"确定"按钮，适当调整图像颜色。

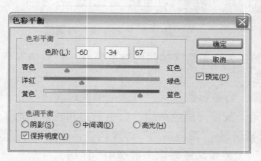

STEP 04
选取图像区域

打开本书配套光盘中第 1 章 \05\media\050.psd 文件，单击快速选择工具，设置一个适合白色背景区域的画笔大小，完成后在画面左下方对比度较大的地方单击，创建选区。

单击选项栏中的"调整边缘"按钮，在弹出的"调整边缘"对话框中设置"对比度"为60%，"羽化"为0像素，然后单击"确定"按钮，完成后依次在画面下方颜色对比度强烈的地方单击，创建清晰的选区后按 Delete 键删除。

使用快速选择工具选择画面右上方的白色区域，然后按下键盘中的方向键或切换到其他的选取工具，微调选区的位置，确定背景的选区后按下 Delete 键删除背景，最后按快捷键 Ctrl+D 取消选区。

使用与前面相同的方法，将抠取的电视机拖移至"制作纹理质感合成图像"的图像窗口中，得到"图层2"，适当调整素材图像的大小。执行"图像 > 调整 > 色相/饱和度"命令，在弹出的"色相/饱和度"对话框中勾选"着色"复选框，然后设置各项参数，单击"确定"按钮。

 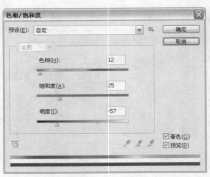 

STEP 08
调整亮度/对比度

单击矩形选框工具 ，沿电视机屏幕创建选区，执行"图像 > 调整 > 亮度 / 对比度"命令，在弹出的"亮度 / 对比度"对话框中设置"亮度"为+124，完成后单击"确定"按钮，增强屏幕的亮度。

STEP 09
添加素材

使用相同的方法，将电视机素材重新拖移至当前操作的图像窗口中，得到"图层 3"，执行"色相 / 饱和度"命令，设置各项参数，完成后单击"确定"按钮，最后将其调整至图像窗口上方。

 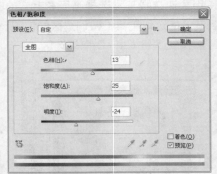 

STEP 10
选择色彩范围

打开本书配套光盘中第 1 章 \05\media\037.png 文件，执行"选择 > 色彩范围"命令，在弹出的"色彩范围"对话框中使用吸管单击人物手臂，选择色彩范围，完成后单击"确定"按钮，创建色彩范围选区。

STEP 11
填充图像

将选区图像拖移至当前操作的图像窗口中，按快捷键 Ctrl+T，在自由变换编辑框中单鼠标右键，在快捷菜单中执行"水平翻转"命令，适当调整大小和位置后按 Enter 键应用变换。完成后单击"锁定透明像素"按钮 ，再填充灰色（R231、G217、B211）。

STEP 12
选择色彩范围

打开本书配套光盘中第 1 章 \05\media\049.jpg 文件，使用与前面相同的方法，执行"选择 > 色彩范围"命令，在对话框中设置"颜色容差"为 66，创建色彩范围的选区，然后将选区图像拖移至当前窗口中并填充为灰色。

STEP 13
设置混合模式

打开本书配套光盘中第 1 章 \05\media\052.jpg 文件，使用快速选择工具选择图像并拖移至当前操作的图像窗口中，根据画面效果适当调整色彩平衡，最后设置图层混合模式为"叠加"，并复制副本增强混合效果。

STEP 14

添加其他素材

最后添加本书配套光盘中的其他素材，重新填充颜色并适当调整其大小和位置。然后在纸张纹理的图层上新建一个图层，单击渐变工具 ，在"渐变编辑器"中设置色标为灰色（R195、G173、B156），第二个色标的"不透明度"设置为0%，最后在图像窗口中从内到外进行径向渐变填充，完成该案例的制作。

绘图工具的使用

Photoshop 可以制作出真实自然的绘图效果。本章主要讲解以油漆桶和渐变工具为主的各种填充功能的运用；画笔工具和橡皮擦工具的特性和具体的操作方法，及其在制作合成设计作品和插画方面的具体运用。熟练掌握这些功能，可以更好地表现设计作品。

本章案例	知 识 点
Works 01 制作日历图像	渐变工具、油漆桶工具、"图案叠加"图层样式
Works 02 制作喷墨艺术效果	定义画笔预设、画笔工具、颜色替换工具
Works 03 制作写实插画	铅笔工具、"画笔"面板
Works 04 制作时尚背景	背景橡皮擦工具、橡皮擦工具、魔术橡皮擦工具

Works 01 制作日历图像

 任务目标（实例概述）

本实例通过 Photoshop 中图层样式的各种命令、渐变工具、图层混合模式等功能的配合使用制作完成。在制作过程中，主要难点在于使用图层样式中的图案叠加命令给图像叠加不同材质的图案，使图中的天空、地面等具有纸张的质感。重点则是小元素的处理，需要读者更加灵活地运用各种方法进行制作，同时需要对画面进行整体把握，安排好各元素间的前后空间关系。

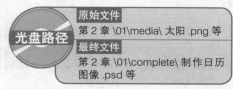

光盘路径

原始文件
第 2 章 \01\media\ 太阳 .png 等

最终文件
第 2 章 \01\complete\ 制作日历
图像 .psd 等

 任务向导（知识精讲）

序 号	操作概要	知识点	知识水平
1	制作彩虹图像	渐变工具	初级
2	填充背景颜色	油漆桶工具	初级
3	填充图案	"图案叠加"图层样式	中级

1. 渐变工具

渐变工具■可以阶段性地对图像进行任意方向的填充，表现图像颜色的自然过渡。对图像进行渐变填充前首先要通过渐变工具的选项栏来完成渐变样式等各选项的设置。单击渐变工具■，切换到渐变工具选项栏。

渐变工具的选项栏

❶**渐变颜色条**：显示选定的渐变颜色。单击颜色条打开"渐变编辑器"，自定义渐变样式并对渐变色标进一步设置。

❷**渐变类型**：主要包括线性、径向、角度、对称、菱形的样式。

❸ **反向**：翻转渐变颜色。

❹ **仿色**：柔和地表现渐变颜色的效果。

❺ **透明区域**：设置渐变的透明度，取消勾选则显示只有一种颜色的图像。

"渐变编辑器"主要对渐变样式进行预设、存储、新建的基本操作，是渐变工具选项栏中一个相对独立的编辑对话框。用户通过该对话框还可以载入自定义样式，单击选项栏的渐变颜色条，弹出"渐变编辑器"。

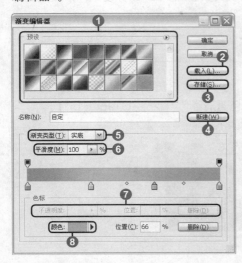

❶ **预设**：以图标形式显示 Photoshop 提供的渐变样式，单击图标应用该样式。

❷ **载入**：载入保存的渐变样式。

❸ **存储**：保存当前设置的渐变样式。

❹ **新建**：将当前设置的样式创建新渐变样式。

❺ **渐变类型**：设置显示为单色形态的实底或显示为多色带形态的杂色。

❻ **平滑度**：调整渐变颜色的平滑柔和程度，值越大渐变越柔和，值越小渐变颜色越分明。

❼ **不透明度色标**：调整渐变颜色的不透明度值，值越大越不透明。拖动该色标调整不透明度颜色的位置。单击渐变条添加不透明度色标，向外拖移删除色标。

❽ **颜色色标**：调整渐变颜色，拖动色标调整颜色的位置。

2. 油漆桶工具

颜色工具主要包括油漆桶工具 和渐变工具 。其中油漆桶工具可以填充指定颜色，或者将图像制作为图案，在指定区域创建图案效果。

通过选项栏设置油漆桶的填充区域的源为"前景"或"图案"。当填充区域的源为"图案"，可以通过"图案"拾色器选择需要的图案，单击油漆桶工具 ，切换到油漆桶工具选项栏。

油漆桶工具的选项栏

❶ **"图案"拾色器**：通过单击列表中的缩览图选择填充的图案，并且通过拾色器的快捷菜单执行新建、复位、载入、存储、替换图案的功能。

❷ **模式**：设置填充的混合模式。

❸ **不透明度**：设置颜色或图案的不透明度，数值越小，画面效果越透明。

❹ **容差**：控制填充色的范围，数值越大，选择类似颜色的选区就越大。

❺ **连续的**：只填充连续的像素。

❻ **所有图层**：填充复合图像。

3."图案叠加"图层样式

"图案叠加"可通过执行"填充"命令或"图案叠加"图层样式应用于图像。当原有的"图案"不能满足我们需求的时候，需要制作图像来进行自定义的图案叠加。通过在"图层"面板底部单击"添加图层样式"按钮 ，为图层添加"图案叠加"样式，在"图层样式"对话框中选择刚刚创建的图案，即可在图层上添加定义好的图案图像。

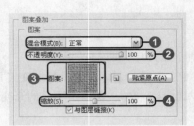

❶混合模式：设置图案以何种混合模式进行叠加，以创造不同的叠加效果。

❷不透明度：更改叠加的不透明度。

❸图案：可选择软件自带的图案或者自定义的图案进行叠加。

❹缩放：更改叠加的图案的大小比例。

 任务实现（操作步骤）

STEP 01
新建文档

执行"文件>新建"命令，设置"名称"为"制作日历图像"，尺寸为9厘米x6厘米，完成后单击"确定"按钮。设置前景色为浅红色（R252、G196、B157）。

STEP 02
建立椭圆选区

新建"图层1"，单击椭圆选框工具 ，建立椭圆选区，按快捷键Shift+Ctrl+I对选区进行反选并羽化，羽化半径为100像素，然后使用油漆桶工具 在选区内单击，填充选区为前景色。

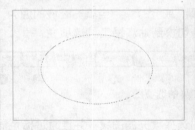

STEP 03
更改图层名称

更改"图层1"的名称为"背景1"。由于本实例涉及元素很多，所以这步很重要，即在新建每一个图层时，都需要对其更改名称，方便以后操作。

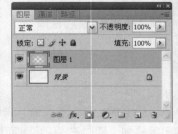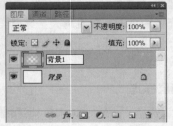

STEP 04
更改色相

按快捷键Ctrl+J复制"背景1"图层，将新图层名称更改为"背景2"，执行"图像>调整>色相/饱和度"命令，在弹出的"色相/饱和度"对话框中设置参数，完成后单击"确定"按钮，并在"图层"面板上更改该图层的混合模式为"颜色加深"。

STEP 05
建立矩形选区

单击矩形选框工具 ⬚，在图像下方建立一个矩形选区，按Delete键清除选区内容。

STEP 06
固定背景

新建图层命名为"天"，使用矩形选框工具 ⬚ 继续在水平线上方建立矩形选区，并填充为白色。打开本书配套光盘中的第2章\01\media\图案.jpg文件，执行"编辑>定义图案"命令，在"图案名称"对话框中单击"确定"按钮，定义该图像为"图案1"。

STEP 07
调整图层样式

双击图层"天"，在弹出的"图层样式"对话框中勾选"图案叠加"复选框，并设置参数，将纸张纹理叠加在图层上。

STEP 08
设置投影与光泽

继续勾选"投影"与"光泽"复选框并设置参数，给图层添加阴影与颜色，在"光泽"选项组中选择颜色为蓝色（R90、G234、B255）。

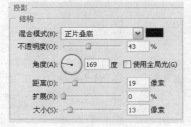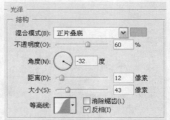

STEP 09
建立地面选区

新建图层命名为"地"，利用多边形套索工具 在图像上建立选区并填充选区为白色。双击图层"地"，在"图层样式"对话框中勾选"图案叠加"、"颜色叠加"复选框并设置参数，在"颜色叠加"选项组中选取颜色为绿色（R85、G169、B89）。

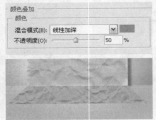
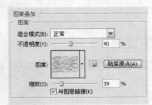

STEP 10
勾画山的形状

单击"创建新组"按钮 ，新建组并命名为"山"，在组内新建4个图层，分别命名为1、2、3、4，使用钢笔工具 在"图层1"上勾画出山的闭合路径，按快捷键Ctrl+Enter将路径转换为选区，并填充选区为白色。

STEP 11
**制作出一座山的
纸张质感**

双击该图层，在"图层样式"对话框中勾选"投影"、"颜色叠加"与"图案叠加"复选框并设置参数，在"颜色叠加"选项组中选取颜色为合适的绿色即可。

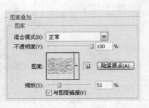

STEP 12
制作第二座山

在"图层2"上重复之前操作，绘制出第二座山的白色选区，在"图层1"上单击鼠标右键，选择"拷贝图层样式"命令，在"图层2"上单击鼠标右键，选择"粘贴图层样式"命令，则在"图层2"上自动生成相同的样式，在"图层2"的"颜色叠加"对话框中选择较浅些的绿色，使其在颜色上有所区别。

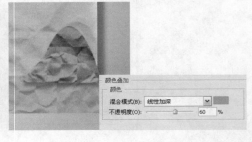

STEP 13
继续制作山的图像元素

重复之前操作，在"图层3"与"图层4"中分别制作山的图像，并设置不同的绿色区别。

STEP 14
制作彩虹图像

新建图层并命名为"彩虹"，使用矩形选框工具▢在图层上建立矩形选框，选择渐变工具▣，在选项栏中单击渐变颜色条，选择色谱渐变，在选区内由上至下拖动填充选区。

 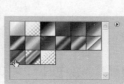 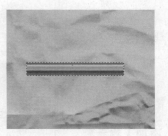

STEP 15
彩虹变形

按快捷键Ctrl+T对图像调整，在自由变换编辑框中单击鼠标右键，选择"变形"命令，在选项栏中设置变形的属性，按Enter键完成操作。

STEP 16
制作彩虹图像的白色背景

将彩虹条调整到合适的弯曲度后，按下Enter键。然后按住Ctrl键的同时单击"图层"面板上的"彩虹"图层缩览图，生成彩虹选区，执行"选择>修改>扩展"命令，设置"扩展量"为8像素，新建图层并填充选区为白色。

STEP 17
旋转图像到合适位置

取消选区，将填充了白色的图层放置在彩虹图像之下，按快捷键Ctrl+E向下合并图层为"彩虹"。将彩虹图像放置在组"山"之下，并按快捷键Ctrl+T对彩虹进行旋转，调整图层顺序，使彩虹移动到山的后面。

STEP 18
添加阴影

双击"彩虹"图层，在弹出的"图层样式"对话框中勾选"投影"复选框并设置参数，为彩虹添加合适的投影。只要灵活运用，有很多元素都可以用制作彩虹元素这种方法制作出来，因此讲解比较详细。

STEP 19
添加人物元素

打开本书配套光盘中的第2章\01\media\两人.png文件，将其拖放到文件中，重命名为"两人"，放置到合适位置后，双击该图层，在弹出的"图层样式"对话框中勾选"投影"复选框并设置参数，给人物添加投影。

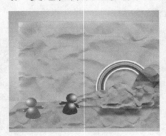

STEP 20
制作屋顶

新建图层命名为"屋顶"，单击多边形套索工具，在下图位置建立屋顶选区形状，并填充为白色。打开第2章\01\media\图案2.jpg文件，执行"编辑>定义图案"命令，将其命令为"图案2"。

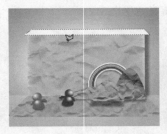
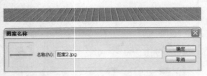

STEP 21
调整屋顶及添加
屋檐

双击该图层，在弹出的"图层样式"对话框中勾选"颜色叠加"与"图案叠加"复选框，并设置参数。打开第2章\01\media\屋檐.png文件，将其拖入并更改图层名为"屋檐"，放置在"屋顶"图层的下方。

STEP 22
添加太阳与白云

打开第2章\01\media\太阳.png与云.png文件,拖入并分别命名为"太阳"与"云",放置在合适的位置上。

STEP 23
制作栅栏

单击自定形状工具,选择形状,在图下方拖拽出如图所示的形状,按快捷键Ctrl+Enter将路径转化为选区,并填充为白色。

 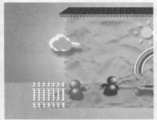

STEP 24
连接栅栏的选区

单击矩形选框工具,选择上方的栅栏,单击移动工具,通过键盘上的↓键将选区内的图像与其下方连接,并对下方的图像执行相同的操作。

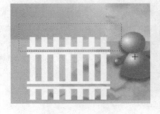  

STEP 25
复制栅栏图像

按快捷键Ctrl+J复制图像,将其移动到右边的位置,继续复制图像并移动,按快捷键Ctrl+E向下合并三个图层为"栅栏"图层。

 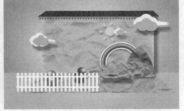

51

STEP 26
调整大小

按快捷键Ctrl+T调整图像大小，完成后继续复制图像到右边区域。将复制的图层均合并到"栅栏"图层。

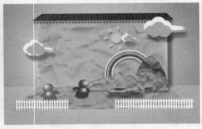

STEP 27
给栅栏添加图案

双击该图层，在弹出的"图层样式"对话框中分别勾选"斜面与浮雕"、"阴影"、"颜色叠加"与"纹理"复选框，并设置参数。

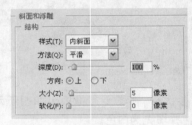

STEP 28
制作倒影

此时栅栏已具有一定的质感。按Ctrl键同时单击"栅栏"图层缩览图，生成栅栏选区。新建图层，命名为"阴影"，填充选区为黑色，按快捷键Ctrl+T将阴影垂直翻转，在变换编辑框内单击鼠标右键选择"透视"命令，将右边的节点向外拖动。

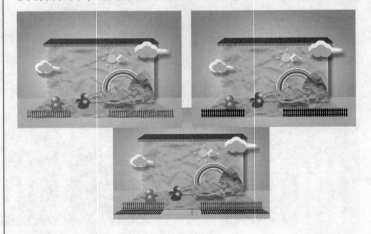

STEP 29
调节透明度

选择"阴影"图层，设置图层的混合模式为"正片叠底"，"不透明度"为30%。执行"滤镜>模糊>高斯模糊"命令，设置"半径"为1.6像素，使阴影效果更柔和。

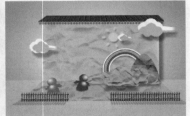

STEP 30
添加各类小元素

打开第2章\01\media\happy.png、草.png和桌布.png文件, 给图像添加文字、草与桌布的图像, 使画面更加丰富。对添加的图层重新命名, 并放置在合适的位置处。

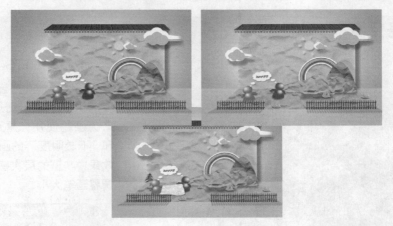

STEP 31
复制树木图像及调整元素位置

打开第2章\01\media\树.png文件, 拖入后多复制几层树木图像放置在合适位置中, 再将汽车、房子等元素图像拖入图像中, 放在合适位置并更改它们在图层中的顺序, 使画面层次分明。

STEP 32
添加日历图像

打开第2章\01\media\2月.png与日期.png, 拖入并重新命名, 将它们放置在图中的位置上。至此, 本实例的制作完成。

Works 02 制作喷墨艺术效果

 任务目标（实例概述）

本实例运用 Photoshop 的画笔工具为图像添加喷墨艺术效果，主要难点在运用"定义画笔预设"命令将图像定义为画笔使用。重点在于结合"模式"和"不透明度"的画笔设置，表现绘画效果中丰富的层次感，以及结合快捷键调整画笔大小。

光盘路径

原始文件
第 2 章 \02\media\058.png~066.png、067、psd、068、png

最终文件
第 2 章 \02\complete\ 制作喷墨艺术效果 .psd

 任务向导（知识精讲）

序 号	操作概要	知识点	知识水平
1	将图像定义为画笔	定义画笔预设	初级
2	绘制背景图像	画笔工具	中级
3	替换车身颜色	颜色替换工具	中级

1. 定义画笔预设

在 Photoshop CS4 中，可以将指定的图像定义为画笔预设，从而可以使用画笔工具来创建独特的绘画效果。执行"编辑 > 定义画笔预设"命令，弹出"画笔名称"对话框。

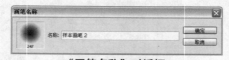

"画笔名称"对话框

图像颜色的明度决定了定义的画笔的透明度，即图像明度越接近黑色时，定义的画笔越接近不透明状态；当图像明度越接近白色时，定义的画笔越接近透明状态。

　　定义画笔 1　　　不透明的画笔　　　定义画笔 2　　　半透明的画笔

2. 画笔工具

画笔工具可以模拟真实的绘图效果，通过在画面中单击或拖动来绘制点或线条。此外，通过"画笔预设"选取器，选择系统提供的各种画笔样式，以及载入自定样式。单击画笔工具，切换到画笔工具的选项栏。

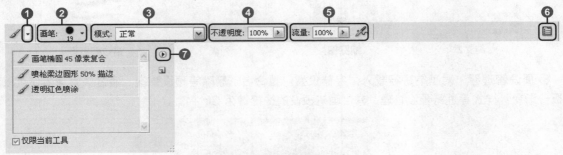

画笔工具的选项栏

❶ 单击该下拉按钮打开"工具预设"选取器，选取预设的画笔工具。

❷ **画笔**：通过"画笔预设"选取器的下拉列表选择画笔样式。

❸ **模式**：设置画笔绘制时的混合模式。

❹ **不透明度**：设置画笔描边的不透明度。

❺ **流量**：设置描边的流动速率。

❻ **"切换画笔面板"按钮**：切换到"画笔"面板，用于画笔的动态控制。

❼ 单击该扩展按钮弹出画笔工具预设的菜单，进行工具预设复位、载入、存储等操作。

在选项栏中单击画笔缩览图或下拉按钮，通过弹出的"画笔预设"选取器选择系统提供的各种画笔样式，也可以载入自定画笔。画笔"主直径"调节画笔的大小，"硬度"调节画笔的软化程度或硬度。单击画笔列表右上方的扩展按钮，在弹出的菜单中设置画笔样式的显示方式、预设管理、各种画笔库以及复位、载入、存储、替换画笔等操作。

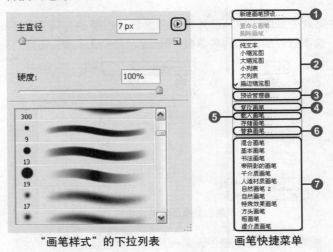

"画笔样式"的下拉列表　　　画笔快捷菜单

❶ **新建画笔预设**：将当前设置的画笔创建为新的画笔。

❷ 选择显示画笔形态的方式。

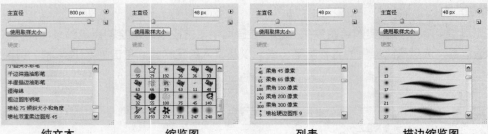

纯文本	缩览图	列表	描边缩览图

❸ **预设管理器**：对画笔进行载入、存储设置、重命名、删除等预设管理，通过该管理器还可以对色板、渐变、样式等进行预设管理。其中画笔预设的快捷键为 Ctrl+1。

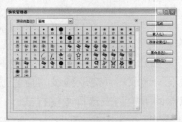

预设管理器

❹ **复位画笔**：可以将当前画笔库复位到系统默认状态，通过 Adobe Photoshop 询问对话框用默认画笔替换当前画笔或追加默认画笔到当前画笔。

❺ **载入画笔**：将 Photoshop 安装文件中的画笔样式追加到当前画笔样式列表中，或者载入用户自定义画笔，笔刷样式的后缀名为 .abr。

❻ **替换画笔**：替换当前画笔样式。

❼ 显示系统提供的画笔样式，单击名称载入画笔样式。

3. 颜色替换工具

颜色替换工具 主要对图像中取样颜色外的颜色区域进行替换。该工具无法选择画笔样式，通过选项栏中的"画笔预设"选取器设置画笔的各参数，单击颜色替换工具 ，切换到颜色替换工具的选项栏。

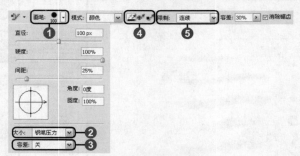

颜色替换工具的选项栏

❶ **画笔**：在弹出的"画笔预设"选取器中设置画笔的各项预设。

❷ **大小**：设置画笔大小的动态控制，包括"关"、"钢笔压力"、"光笔轮"。

❸ **容差**：设置画笔容差的动态控制，包括"关"、"钢笔压力"、"光笔轮"。

❹ **按钮**：分别为在图像中连续取样，在图像中取样一次，在背景色板中取样。

❺ **限制**：确定替换颜色的范围。

 任务实现（操作步骤）

STEP 01
新建并打开文档

执行"文件>新建"命令，在"新建"对话框中设置"名称"为"制作喷墨艺术效果"，尺寸为13.3厘米×10厘米，完成后单击"确定"按钮。执行"文件>打开"命令，在"打开"对话框中打开配套光盘第2章\02\media\059.png文件。

STEP 02
添加素材并打开文件

单击移动工具 ，将汽车拖移至"制作喷墨艺术效果"图像窗口中，得到"图层1"。按快捷键Ctrl+T，适当调整其位置和大小。完成后执行"文件>打开"命令，在弹出的"打开"对话框中打开本书配套光盘第2章\02\media\058.png文件。

STEP 03
定义画笔

执行"编辑>定义画笔预设"命令，在弹出的"画笔名称"对话框中保持默认名称，单击"确定"按钮，然后关闭该文件并切换到"制作喷墨艺术效果"的图像窗口中，再单击画笔工具 ，在选项栏的"画笔"拾取器中选择定义的画笔并设置"主直径"为260px。

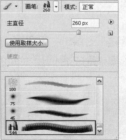

STEP 04
绘制画笔图案

单击"创建新图层"按钮 ，新建"图层2"，然后在工具箱的拾色器中设置前景色为灰色（R183、G158、B158），完成后在画面中单击，绘制楼群的画笔图案，注意将"图层2"拖移至"图层1"的下面。

STEP 05

定义画笔图案

执行"文件>打开"命令，在弹出的"打开"对话框中打开本书配套光盘中第2章\02\media\060.png文件，使用相同的方法，将其定义为画笔，完成后新建"图层3"并使用红色（R239、G21、B75）绘制。

STEP 06

设置画笔角度

使用相同的方法将其他楼群素材定义为画笔并新建"图层4"进行绘制，然后打开本书配套光盘中第2章\02\media\062.png文件，定义为画笔后单击选项栏的"切换画笔面板"按钮 📧，在弹出的面板中拖动"设置画笔角度和圆度"编辑框，调整画笔角度。

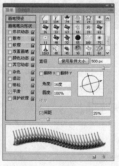

STEP 07

绘制画笔图案

新建"图层5"，设置前景色为蓝色（R0、G82、B165），然后在汽车上方单击创建画笔图案，完成后使用相同的方法，继续旋转画笔角度并绘制画笔图案。

STEP 08
绘制云彩

新建"图层6",然后打开本书配套光盘中第2章\02\media\063.png文件,定义为画笔后使用各种颜色在汽车周围绘制,在选项栏中适当调整"不透明度",使效果具有层次感。

STEP 09
绘制直线

新建"图层7",在画笔选项栏的"画笔预设"选取器中选择"星形70像素",然后设置前景色为蓝色(R0、G61、B123),完成后在画面中单击确定绘制起始点,然后按住Shift键的同时单击其他位置绘制直线。

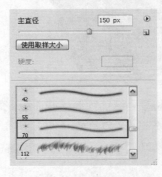 

STEP 10
调整不透明度

继续绘制直线,然后在选项栏中设置"不透明度"为30%,继续绘制透明的直线,完成后选择"粗边圆形钢笔"的画笔样式。

STEP 11
设置画笔

分别设置前景色为紫色(R109、G52、B169)和绿色(R23、G160、B147),在选项栏中设置"不透明度"为95%,按下"]"键调大画笔的"主直径",然后在画面右方拖动绘制。

STEP 12
绘制曲线

单击选项栏中的"切换画笔面板"按钮 ▤，在弹出的"画笔"面板中勾选"形状动态"复选框，然后在"控制"下拉列表中选择"钢笔压力"，完成后在汽车下方随意绘制曲线，注意随时调整画笔的大小。

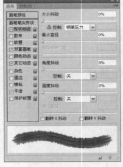

STEP 13
设置画笔的模式

在选项栏中设置"模式"为"正片叠底"，继续绘制一些曲线。完成后打开本书配套光盘中第2章\02\media\064.png文件，定义为画笔。

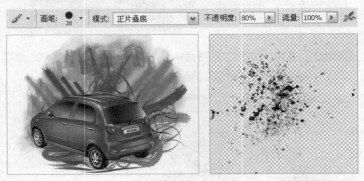

STEP 14
绘制喷溅图像

根据画面效果，设置不同颜色对画面点缀。设置背景色为紫色（R193、G28、B180），然后单击颜色替换工具 ✎，按住Alt键的同时单击汽车的深色部分，吸取颜色。

STEP 15
替换颜色

单击"切换前景色和背景色"按钮↰，将背景色切换为前景色，按下"["或"]"键，适当调整画笔大小，然后沿汽车的结构绘制颜色。

STEP 16
填充图像

打开本书配套光盘中第2章\02\media\065.png文件，将其拖移至"制作喷墨艺术效果"的图像窗口中，然后单击"锁定透明像素"按钮▣，锁定透明像素后填充黄色（R253、G251、B53），设置"不透明度"为80%。

STEP 17
绘制圆

按住Alt键同时使用移动工具▸₊拖移箭头图像，复制副本并填充其他颜色，然后按下快捷键Ctrl+T进行水平翻转。完成后新建一个图层，单击椭圆选框工具◯，绘制多个圆并填充，设置"不透明度"为80%。

STEP 18
添加其他素材

打开本书配套光盘中的其他素材，将其分别导入作品中并重新填充颜色，然后根据画面效果适当调整大小和位置，完成此案例的制作。

Works 03 制作写实插画

任务目标（实例概述）

本实例运用 Photoshop 中的画笔工具绘制写实风格的插画，主要难点在于结合运用数位板和 Photoshop 提供的画笔库，针对不同的对象选择合适的画笔样式进行绘制。重点在于通过"画笔"面板的设置，创建自然随机的画笔效果。

光盘路径	原始文件
	无
	最终文件
	第 2 章 \03\complete\ 制作写实插画 .psd

任务向导（知识精讲）

序　号	操作概要	知识点	知识水平
1	绘制草稿	铅笔工具	初级
2	绘制星光	"画笔" 面板	高级

1. 铅笔工具

铅笔工具✐可以模拟真实自然的铅笔效果，主要用于绘制作品的线稿，它的使用方法和画笔工具✐基本一致。不同之处在于，铅笔工具去除了喷枪功能，因此绘制的线条不具有柔化效果。铅笔工具还具有一个"自动抹除"功能，它可以在前景色图像上绘制背景色。单击铅笔工具✐，切换到铅笔工具选项栏。

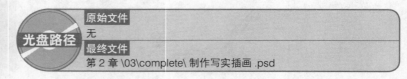

铅笔工具的选项栏

拾色器　　　　原图　　　　使用前景色绘制　　　用背景色涂抹

2."画笔"面板

画笔工具除了在"画笔预设"选取器中设置画笔样式外，更详细的设置需要在"切换画笔"面板中进行。单击画笔工具✐，然后单击选项栏右方的"切换画笔面板"按钮▣，弹出"画笔"面板。"画笔"面板主要包括"画笔预设"和"画笔笔尖形状"选项，其中"画笔预设"和选项栏中的"画笔预设"选取器基本相同；"画笔笔尖形状"主要调整笔尖形状，该选项包括形状动态、散布、纹理等动态控制，勾选选项名称复选框将切换到相应的选项面板，可以对笔尖的动态进行更细致的调节。

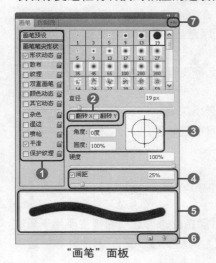

"画笔"面板

❶ 调整画笔笔尖形状以及形状动态、散布、纹理等预设。

❷ 翻转 X/Y：勾选复选框启用水平和垂直的画笔翻转。

❸ "角度"和"圆度"：在文本框中输入数值或在画笔形状编辑框中拖动圆坐标，设置画笔圆度和角度，产生透视效果。

❹ 间距：设置画笔笔触的间距。

❺ 画笔形态缩览图。

❻ 新建画笔和删除画笔。

❼ 画笔面板的快捷菜单：单击该按钮，弹出面板的快捷菜单，它和画笔选项栏中的快捷菜单相似，增加了"清除画笔控制"、"复位所有锁定设置"以及"将纹理拷贝到其他工具"命令。

"形状动态"选项面板主要用于调整笔尖形状变化，包括大小抖动、最小直径、角度抖动、原点抖动以及翻转抖动，使笔尖形状产生规则变化。"散布"选项面板主要控制画笔的散布和数量，产生随机性的变化。常用于制作星光等散布状的画笔效果。

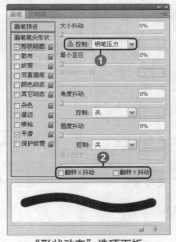

"形状动态"选项面板

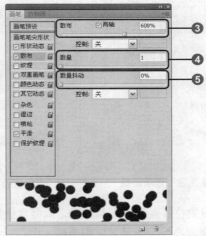

"散布"选项面板

❶ 控制：设置画笔形态的动态控制。包括"关"、"渐隐"、"钢笔压力"、"钢笔斜度"、"光笔轮"，其中"角度抖动"等选项的"控制"还包括"旋转"、"初始方向"、"方向"。

❷ 翻转 X/Y 抖动：启用画笔沿 X/Y 轴的随机翻转。

❸ 散布：启用两轴的散布随机性，百分比越大随机性越大。

❹ 数量：设置笔尖的数量，值越大画笔的散布数量就越多。

❺ 数量抖动：设置数量的随机性。

"纹理"选项面板主要用于调整画笔的纹理选项，通过"图案"拾色器选择纹理图案，可以反相、缩放图案，并且可以为每个笔尖设置纹理。

Photoshop CS4从入门到精通（创意案例版）

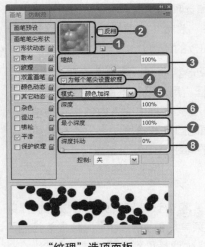

"纹理"选项面板

❶ **纹理缩览图**：单击打开"图案"拾色器，选择需要的图案。

❷ **反相**：反相纹理图案。

❸ **缩放**：设置纹理的缩放比例。

❹ **为每个笔尖设置纹理**：在每个单独的顶点而不是在整个描边上混合纹理。勾选该复选框后激活"最小深度"和"深度抖动"选项。

❺ **模式**：设置画笔和纹理之间交互的方法。

❻ **深度**：设置画笔的深度。

❼ **最小深度**：设置画笔的最小深度。

❽ **深度抖动**：设置画笔深度的随机性。

　　"双重画笔"选项面板主要用于调整双重画笔的模式、形状等。"颜色动态"选项面板主要用于画笔的颜色变化，包括背景/前景抖动、色相、饱和度等颜色基本组成要素的随机性设置。"其他动态"选项面板用于调整油彩或效果的动态建立。

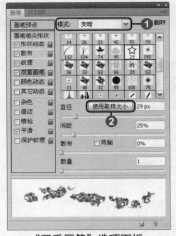

"双重画笔"选项面板

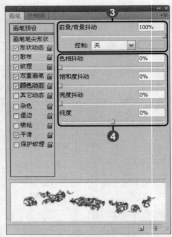

"颜色动态"选项面板

"其他动态"选项面板

❶ **模式**：设置主要画笔和双重画笔之间混合叠加的方式。

❷ **使用取样大小**：将画笔复位到原始大小。

❸ **前景/背景抖动**：设置前景色和背景色的随机性变换。

❹ 设置颜色色相、饱和度、亮度、纯度的随机性。

❺ **不透明度抖动**：设置画笔不透明度的动态控制。

❻ **流量抖动**：设置画笔流量的随机性。

　　"画笔"面板还包括"杂色"、"湿边"、"喷枪"等画笔细节的设置，使画笔笔尖产生的效果更加真实。

杂色

湿边

 任务实现（操作步骤）

STEP 01
新建文档

执行"文件>新建"命令，在"新建"对话框中设置"名称"为"制作写实插画"，尺寸为9厘米×11.5厘米，完成后单击"确定"按钮。

STEP 02
绘制线稿

单击铅笔工具 ，在选项栏的"画笔预设"选取器中单击"尖角1像素"，设置"硬度"为36%，单击"图层"面板中的"创建新图层"按钮 ，新建"图层1"，完成后运用压感笔在数位板上绘制出基本的画面构图。

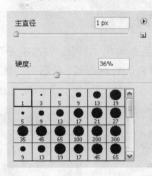

STEP 03
刻画线稿

继续深入刻画线稿的细节，然后单击橡皮擦工具 ，擦除多余线条，按快捷键Ctrl+Z取消当前绘制的线条，然后使用铅笔工具重新绘制适合的线条。完成后单击"创建新图层"按钮 ，新建"图层2"。

STEP 04
绘制草丛

单击画笔工具 ，在选项栏的"画笔预设"选取器中选择"喷枪硬边圆形9"，设置"主直径"为35px，然后设置前景色为深绿色（R12、G52、B26），完成后绘制远处的草丛。最后按"["键调小画笔的直径，绘制纤细的草。

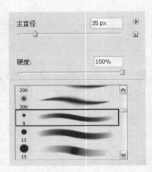

STEP 05
继续绘制草丛

使用同样方法为草丛绘制出基本颜色，画面中间的绿色更亮，近处和远处的绿色更暗。

STEP 06
绘制花朵

设置画笔主直径为15px，设置前景色为黄色（R251、G218、B77），然后新建"图层3"，绘制画面右方的花。再设置前景色为红色（R234、G91、B57），继续绘制花的层次，完成后设置前景色为黄色（R235、G185、B42），添加花的颜色层次。

STEP 07
刻画花朵细节

使用画笔工具继续刻画花朵，按"["或"]"键，根据绘制的图像区域随时调整画笔的主直径，隐藏"图层1"，查看画面效果。完成后新建"图层4"，使用相同的方法绘制紫色的小花。

STEP 08
复制花朵

将"图层4"拖移至"创建新图层"按钮 处,复制紫色的花,然后按快捷键Ctrl+T
适当调整大小、位置并进行水平翻转。完成后执行"图像>自动色调"命令,增强复制
花的明度。

STEP 09
调整色相

继续复制"图层4"的副本,然后执行"图像>调整>色相/饱和度"命令,在弹出的"色
相/饱和度"对话框中调整色相,根据具体的画面效果,使花朵由紫色变为玫瑰红。

STEP 10
继续绘制花朵

使用相同的方法,复制多个花朵并调整到画面的其他位置。然后新建"图层5",继续
绘制其他形态的花朵,完成后在草丛所在的图层中使用绿色填补花朵间的空白区域。

STEP 11
绘制蘑菇

新建"图层6",然后分别设置前景色为橙色(R253、G115、B40)、橙色(R249、
G70、B50)和红色(R200、G48、B60),分别绘制蘑菇的受光面、转折面和背光面。
完成后在"画笔预设"选取器中选择"喷枪柔边圆形17",在不同的颜色之间绘制过
渡效果,注意保持边缘的清晰。

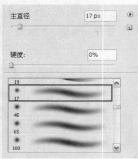

STEP 12
刻画细节

重新选择以前的画笔样式，按"["键调小画笔主直径，然后分别绘制蘑菇的纹理等细节。注意先绘制大的物体，再细致刻画小的物体。

STEP 13
绘制向日葵

继续绘制其他形态的蘑菇，近处的细致刻画，远处的略微刻画即可。完成后继续绘制向日葵。

STEP 14
绘制岩石

单击"图层1"名称前面的"指示图层可视性"按钮，显示该图层，然后新建"图层7"，根据线稿绘制地面和岩石，隐藏"图层1"查看效果。

STEP 15
绘制背景和近景

在草稿所在的"图层1"上面新建"图层8"，然后设置较小的主直径来绘制远景，注意绘制时要概括，表现大的色块。完成后新建"图层9"并放置于顶层，绘制藤条，然后选择草丛所在的图层并填充空白区域。

STEP 16
设置画笔预设

新建"图层10"，单击选项栏中"切换画笔面板"按钮，在弹出的"画笔"面板中单击"画笔笔尖形状"选项，然后在右方的面板中单击"柔角45"，设置各项参数，完成后分别勾选"形状动态"和"散布"复选框，分别在其右方面板中设置各项参数。

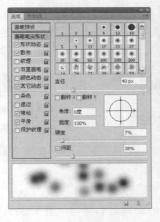
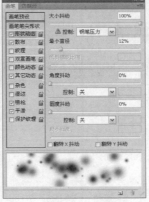
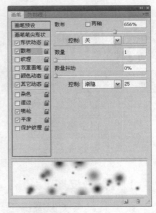

STEP 17
绘制星光

设置前景色为白色，然后在画面中随意拖动，绘制散布的星光，适当调整画笔主直径，根据画面效果继续添加一些星光，使画面更富情趣，即可完成该案例的创作。

Works 04 制作时尚背景

 任务目标（实例概述）

本实例运用 Photoshop 中各种橡皮擦工具快速从复杂背景中抠取图像。主要难点在于根据图像颜色对比度结合不同橡皮擦工具的特性，灵活运用擦除功能。重点在于结合快捷键调整画笔大小以及结合"还原"命令进行操作。

光盘路径

原始文件
第 2 章 \04\media\069.jpg、070.jpg、时尚背景效果 .psd 等

最终文件
第 2 章 \04\complete\ 制作时尚背景 .psd、时尚背景效果 .psd

 任务向导（知识精讲）

序　号	操作概要	知识点	知识水平
1	擦除取样图像	背景橡皮擦工具	中级
2	自由擦除图像	橡皮擦工具	初级
3	擦除颜色区域图像	魔术橡皮擦工具	中级

1. 背景橡皮擦工具

该工具具有类似魔棒工具的容差性，对指定范围中的图像进行擦除，并替换为透明区域。在背景图层上使用该工具，背景图层会自动转换为普通图层。

背景橡皮擦工具选项栏

❶限制：定义抹除操作范围包括不连续、连续和查找边缘。"不连续"定义所有取样颜色被擦除；"连续"定义与取样颜色相关区域被擦除；"查找边缘"定义与取样颜色相关区域被擦除，保留区域边缘锐利清晰。

原图

连续

不连续

查找边缘

❷**保护前景色**：不抹除前景色板颜色。

2. 橡皮擦工具

可以设置不同的模式、不透明度和流量以擦除图像的像素。由于背景图层不允许透明的特殊性，因此在使用橡皮擦工具时要先将其转换为普通图层。单击橡皮擦工具切换到橡皮擦工具。

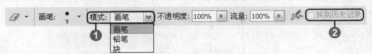

橡皮擦工具选项栏

❶**模式**：包括画笔、铅笔和块 3 种抹除模式。其中"画笔"模式激活喷枪功能，笔刷的边缘带有柔和的羽化效果；"铅笔"应用铅笔工具的笔刷效果；"块"模式的笔刷形状固定为一个方块形状。

画笔　　　　　　　　　　铅笔　　　　　　　　　　块

❷**抹到历史记录**：抹除指定历史记录状态中的区域，配合历史记录面板使用。

   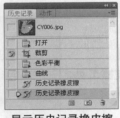

原图　　　　设置历史记录画笔的源　　　抹到历史记录　　　显示历史记录橡皮擦

3. 魔术橡皮擦工具

在功能上与背景橡皮擦工具相似，都是将图像像素抹除为透明区域。不同之处在于魔术橡皮擦工具是通过单击删除容差范围内的相同颜色区域。

魔术橡皮擦工具使用的效果类似于用魔棒工具创建选区，并同时删除选区内图像。该工具选项栏与魔棒工具类似，增加了"不透明度"，定义删除像素的不透明程度。

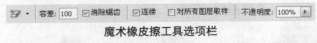

魔术橡皮擦工具选项栏

原图　　　　　　　　容差 32　　　　　　容差 100，不透明度 50%

Photoshop CS4从入门到精通（创意案例版）

 任务实现（操作步骤）

STEP 01
新建文档以及颜色取样

执行新建命令,设置"名称"为"制作时尚背景",尺寸为3.83厘米×7.1厘米。打开配套光盘第2章\04\media\069.jpg文件,复制一个"背景副本",单击背景橡皮擦工具，按住Alt键同时在白色背景上取样。

STEP 02
使用背景橡皮擦工具擦除背景

在选项栏的"画笔预设"选取器中设置各项参数,在人物周围的白色背景上单击,仔细擦除背景。注意不要擦除颜色对比弱的地方。

STEP 03
使用橡皮擦工具擦除背景

单击橡皮擦工具，在"画笔预设"选取器中选择"尖角19像素",擦除人物与背景对比弱的区域以及背景橡皮擦工具未擦除的区域。

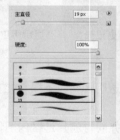

STEP 04
使用魔术橡皮擦工具擦除背景

单击魔术橡皮擦工具，设置各项参数后快速擦除多余图像,按住Alt键单击背景,对不同颜色取样擦除不同区域。

72

STEP 05
添加素材

将"背景副本"拖移至"制作时尚背景"图像窗口中并重命名为"图层1",打开配套光盘第2章\04\media\070.jpg文件,将其拖移至该图像窗口中,得到"图层2"并调整图层顺序。

STEP 06
添加素材并复制副本

打开光盘中071.png文件,将图像拖移至"制作时尚背景"中,得到"图层3",并将花调整到画面左上方。完成后分别将"图层3"复制两个副本,按快捷键Ctrl+T调整位置和角度。对"图层3"执行"图像>调整>亮度/对比度"命令,设置参数,调亮主体花朵的亮度。使用同样方法调整其他花组亮度。

STEP 07
创建选区

打开072.jpg文件,单击磁性套索工具,沿花的轮廓创建磁性套索选区,再将选区图像拖移至"制作时尚背景"中,得到"图层4",调整到人物头发上。

STEP 08
合并图层

合并所有图层，完成后打开时尚背景效果.psd文件。

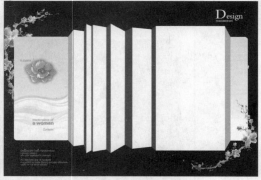

STEP 09
还原操作

将合并图像拖移至"时尚背景效果"中，按快捷键Ctrl+T根据图像轮廓适当调整大小。在"制作时尚背景"窗口中按快捷键Alt+Ctrl+Z依次后退，还原到未合并图层的状态，然后单击人物图层前面的"指示图层可视性"按钮◉；隐藏该图层。

STEP 10
创建选区并添加图像

合并所有图层，结合矩形选框工具▣和移动工具▸⊕，框选部分图像并将其添加到效果文件中，完成后按快捷键Ctrl+T，根据白色多边形区域适当对图像变形，按下Enter键应用。再分别框选其他图像区域并将其添加到效果文件中，根据白色和深蓝色的多边形区域适当对选取图像变形。完成后将图层调整到蓝色多边形的图层下面即可。

CHAPTER
03

修复与修饰图像

　　本章选择了一些数码照片艺术化处理的典型实例，着重需要掌握图像调整中的一系列基本且常用的图像处理命令，让读者深入了解和学习图像修复与修饰的处理方法，并且继续学习一些绘制工具和填充工具的使用方法，结合这些功能，让图像作品更加完美。

本章案例		知 识 点
Works 01	制作图像的古典艺术效果	色相 / 饱和度、亮度 / 对比度
Works 02	制作艺术人物效果	模糊工具、减淡工具、加深工具
Works 03	制作人物写真图像	污点修复画笔工具、修复画笔工具、"智能锐化"命令
Works 04	制作博客背景图像	仿制图章工具、图像大小、画布大小、外发光图层样式
Works 05	网络商品的拍摄与处理	圆角矩形工具、"扩展"命令、投影图层样式

Works 01 制作图像的古典艺术效果

 任务目标（实例概述）

本实例运用 Photoshop 中的"色相 / 饱和度"、"亮度 / 对比度"命令等配合使用制作完成。在制作过程中，主要难点在于结合"复制"命令、绘制工具以及图像调整命令的运用，对图像的不同区域进行颜色、亮度等的调整。重点在于对不同的颜色通道进行调整，得到自然逼真的图像效果。

光盘路径

原始文件
第 3 章 \01\media\073.jpg、074. psd

最终文件
第 3 章 \01\complete\ 制作图像的古典艺术效果 .psd

 任务向导（知识精讲）

序　号	操作概要	知识点	知识水平
1	调整图像色相	色相 / 饱和度	中级
2	调整亮度 / 对比度	亮度 / 对比度	初级

1. 色相 / 饱和度

"色相 / 饱和度"命令可以改变图像的颜色、饱和度、亮度，一般用来增强照片中颜色的鲜艳度，它的操作简单，并且容易控制，不足之处在于不能保持图像的对比度。执行"图像 > 调整 > 色相 / 饱和度"命令，或者按快捷键 Ctrl+U 弹出"色相 / 饱和度"对话框。

"色相 / 饱和度"对话框

❶ **下拉列表按钮**：主要用于选择需要调整的基准颜色。

❷**色相**：主要改变图像的颜色，通过改变参数来改变图像的颜色。

❸**饱和度**：主要改变图像的饱和度。

❹**明度**：主要调整图像的亮度。

❺**吸管工具**：通过在图像中单击，吸取图像颜色并切换到最接近的基准颜色。

| 原图 | 色相 -38 | 饱和度 +62 | 明度 +20 |

❻**添加到取样**：将图像中的取样颜色作为新的基准颜色添加到下拉列表中。

❼**从取样中减去**：将图像中的取样颜色从下拉列表中减去。

在下拉列表中通过指定基准颜色，从而对图像中的某种颜色进行单独的调整。通过勾选"着色"复选框，可以更改照片整体的色彩，图像的颜色随之变为单色。

| 原图 | 调整黄色 | 调整红色 | 着色 |

2. 亮度 / 对比度

"亮度 / 对比度"命令可以快速增强或减弱图像亮度和对比度，执行"图像 > 调整 > 亮度 / 对比度"命令，弹出"亮度 / 对比度"对话框。

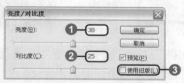

"亮度 / 对比度"对话框

❶**亮度**：调整指定图像区域的颜色的整体亮度。

❷**对比度**：调整指定图像区域的颜色的整体对比度。

❸**使用旧版**：使用旧版特性，即剪切阴影 / 高光细节。

| 原图 | 亮度 38 | 对比度 25 | 使用旧版 |

任务实现（操作步骤）

STEP 01
打开文档

执行"文件>打开"命令，在弹出的"打开"对话框中打开本书配套光盘中第3章\01\media\073.jpg文件。将"背景"图层拖移至"创建新图层"按钮 处，分别复制"背景副本"和"背景副本2"图层，完成后单击"背景副本2"名称前的"指示图层可视性"按钮，隐藏该图层。

STEP 02
调整全图色相

对"背景副本"执行"图像>调整>色相/饱和度"命令，在弹出的"色相/饱和度"对话框中设置"色相"为-7，勾选"预览"复选框，然后查看画面的颜色变化，此时画面颜色整体偏红。

STEP 03
调整红色

在"色相/饱和度"对话框的下拉列表中选择"红色"通道，然后设置"色相"为+10，调整图像的红色，并查看画面的颜色变化。

STEP 04
调整黄色

在下拉列表中继续选择"黄色"通道，然后设置"色相"为+24，调整图像的黄色，查看画面的颜色变化。

STEP 05
调整蓝色

在下拉列表中继续选择"蓝色"通道,然后设置"色相"为-56,"饱和度"为+56,调整图像的蓝色,查看画面的颜色变化。

STEP 06
调整洋红

在下拉列表中选择"洋红"通道,然后设置"色相"为-78,"饱和度"为+67,调整图像的洋红色,完成后单击"确定"按钮。

STEP 07
擦除图像

单击橡皮擦工具 ,在选项栏的"画笔预设"选取器中选择"喷枪硬边圆9",设置"主直径"为80px,然后在调整的图层中擦除人物肩膀和右手,透出"背景"图层的图像颜色。

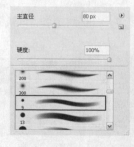  

STEP 08
合并图像并调整
亮度 / 对比度

按快捷键Ctrl+E,向下合并图层,将"背景副本"和"背景"图层重新合并为"背景"图层。然后执行"图像>调整>亮度/对比度"命令,在弹出的"亮度/对比度"对话框中设置"亮度"为+35,"对比度"为+53,完成后单击"确定"按钮,增强画面的亮度和对比度。

STEP 09

添加调整图层

重新显示"背景副本2"，单击"图层"面板下方的"创建新的填充或调整图层"按钮 ，在弹出的快捷菜单中单击"色相/饱和度"命令，在弹出的对话框中勾选"着色"复选框，完成后分别设置各项参数。

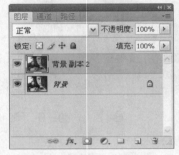

STEP 10

设置不透明度

在"图层"面板中设置调整图层的"不透明度"为26%，使调整效果呈透明状态。

STEP 11

合并图层

使用与前面相同的方法，合并"色相/饱和度"调整图层和"背景副本2"图层，完成后设置"不透明度"为60%。

STEP 12
擦除图像

单击橡皮擦工具🖊️，在选项栏的"画笔预设"选取器中选择"喷枪柔边圆200"，擦除人物皮肤和衣服，保留头发、眼睛以及背景。

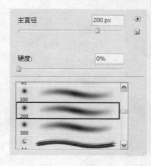  

STEP 13
载入图像选区

执行"文件>打开"命令，打开本书配套光盘中"第3章\01\media\074.psd"文件，再按住Ctrl键同时单击"图层1"图层缩览图，载入图像选区。

STEP 14
拖动选区

单击矩形选框工具🔲，在图像选区中拖动，移动选区并将其拖移至当前操作的图像窗口中，按下键盘中的方向键适当调整选区位置。

STEP 15
复制选区图像

在"图层"面板中单击"背景"图层，然后按快捷键Ctrl+J将选区图像复制到新图层，得到"图层1"，完成后单击移动工具⤴️，将文字调整到画面的左上方。

STEP 16
复制选区图像

使用相同的方法，将中文文字的选区拖移至当前操作的图像窗口中，并基于"背景"图层复制选区图像，得到"图层2"，完成后调整文字位置。

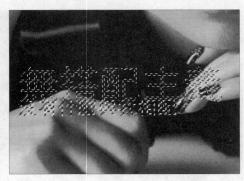 

STEP 17
渐变填充

在"背景"图层上新建"图层3"，然后单击渐变工具 ，在选项栏的"渐变编辑器"中设置色标依次为绿色（R132、G127、B94）和绿色（R79、G79、B62），完成后进行径向渐变的填充。

STEP 18
擦除图像

使用与前面相同的方法，使用橡皮擦工具擦除背景外的多余图像，注意选择一个柔边的画笔样式，使背景和人物完美地融合，画面颜色更加协调。至此，完成该实例的制作。

Works 02　制作艺术人物效果

🏠 任务目标（实例概述）

本实例通过 Photoshop 中的模糊工具、减淡工具、加深工具和图层混合模式等功能的配合使用制作完成。在制作过程中，主要难点在于利用图层的混合模式给人物上妆以及使用各种不同的元素对画面进行处理，使画面达到视觉上的统一。重点在于使用减淡工具、加深工具对人物面部及头发的边缘轮廓进行色调上的修整，使人物的五官更有立体感。

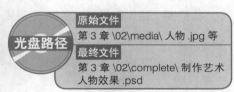

光盘路径

原始文件
第 3 章 \02\media\ 人物 .jpg 等

最终文件
第 3 章 \02\complete\ 制作艺术人物效果 .psd

➡ 任务向导（知识精讲）

序　号	操作概要	知识点	知识水平
1	模糊皮肤以减少皮肤纹理	模糊工具	初级
2	减淡皮肤的高光，增强对比	减淡工具	中级
3	绘制头发及图像边缘的加深线条	加深工具	中级

1. 模糊工具

模糊工具 🖐 用于降低区域图像相邻像素的对比度，均化图像的杂色，使较硬的边缘柔化，产生更加柔和的效果。通过在该工具的选项栏中设置画笔预设等选项，创建模糊效果。

模糊工具的选项栏

❶ **模式**：通过下拉列表设置绘画模式，包括正常、变暗、变亮、色相、饱和度、颜色、明度。
❷ **强度**：设置描边强度，参数越大，所产生的模糊效果就越明显。

原图　　　　　强度 50%　　　　　强度 100%

❸**对所有图层取样**：勾选此复选框时，从复合数据中取样仿制数据，即模糊效果将是图层共同作用的效果；取消此复选框时，当前图层上的模糊效果是当前图层数据中作用的效果。

2. 减淡工具

减淡工具 用于调整图像的部分区域颜色，增强图像颜色的亮度。通过减淡工具选项栏指定图像减淡的范围、曝光度，对不同的区域进行不同强度的减淡。

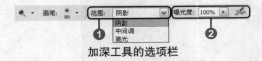

加深工具的选项栏

❶**范围**：指定图像颜色的减淡范围，包括阴影、中间调和高光。

原图　　　　　阴影　　　　　中间调　　　　　高光

❷**曝光度**：定义曝光强度，值越大曝光度越大，图像亮度越强。

3. 加深工具

加深工具 用于调整图像的部分区域颜色，降低图像颜色的亮度。加深工具与减淡工具常用来调整图像的对比度、亮度和细节，两者的选项栏类似。

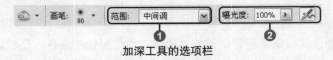

加深工具的选项栏

❶**范围**：指定图像颜色的加深范围，包括阴影、中间调和高光。

原图　　　　　阴影　　　　　中间调　　　　　高光

❷曝光度：定义曝光强度，值越大曝光度越大，图像亮度越暗。

原图　　　　　曝光度 10%　　　　曝光度 60%　　　　曝光度 100%

 任务实现（操作步骤）

STEP 01
打开素材并载入选区

执行"文件>打开"命令，打开本书配套光盘中的第3章\02\media\人物.jpg文件，打开通道面板，按住Ctrl键单击RGB通道缩览图，载入选区。

STEP 02
创建人物面部选区

回到图层面板，新建"图层1"，单击多边形套索工具，在选项栏中单击"从选区减去"按钮，勾选人物面部的选区，使选区只建立在背景之上。

STEP 03
填充背景选区为黑色

按两次快捷键Alt+Delete填充选区为黑色，使人物背景成为黑色的状态。

STEP 04
对图像进行单色化处理

单击"创建新的填充或调整图层"按钮，在"图层"面板中创建"黑白"调整图层，在弹出的"调整"面板中勾选"色调"复选框，设置色调颜色为浅黄色（R225、G211、B179）。完成后按快捷键Shift+Ctrl+Alt+E盖印可见图层为"图层2"。

STEP 05
加深头发边缘

单击加深工具，在选项栏中设置较低的曝光度，在人物的头发边缘涂抹，将头发边缘的色调加深，直至与背景融合成为黑色。

STEP 06
减淡处理

按快捷键Ctrl+J复制图层为"图层2副本"，然后单击减淡工具对人物面部的额头、鼻尖、两颊、下巴等需要补充高光的位置涂抹，烘托人物面部轮廓。

STEP 07
模糊处理

放大图像，使用模糊工具对人物毛孔粗大的地方涂抹，使人物的皮肤更细腻柔和。

STEP 08
改变瞳孔颜色

单击椭圆选框工具，在人物瞳孔处建立选区，新建"图层3"，填充选区颜色为蓝色（R11、G210、B252），设置图层混合模式为"叠加"，人物瞳孔颜色成为蓝绿色。

STEP 09
添加唇彩

单击多边形套索工具 🔲，在人物嘴唇部分建立选区，并适当羽化，新建"图层4"，填充选区颜色为红色(R251、G86、B86)，设置图层的混合模式为"颜色加深"，"不透明度"50%，"填充"80%，给人物添加唇彩。

STEP 10
添加眼影

新建"图层5"，单击画笔工具 🖌️，在选项栏中选择合适大小的柔角画笔，设置前景色为粉紫色 (R243、G172、B221)，在人物的眼睛及双颊处涂抹，涂抹完成后，再次设置前景色为浅黄色 (R252、G196、B127)，在人物的眉骨处涂抹。

STEP 11
添加闪光眼影

打开第3章\02\media\闪光眼影.png文件，将其拖入到图像窗口中成为"图层6"，将图像放置在人物的眼影位置，设置图层的混合模式为"叠加"。

STEP 12
添加花朵元素

打开第3章\02\media\花.png文件，将其拖入成为"图层7"，将其放置在右下角，更改图层的"透明度"为70%。

STEP 13
设置图层模式

复制"图层7"为"图层7副本"，设置图层混合模式为"颜色加深"，使花朵呈现渐隐的状态。

STEP 14
添加背景

打开第3章\02\media\光点.jpg文件，将其拖入成为"图层8"，设置图层的混合模式为"滤色"，"不透明度"与"填充"均为60%，使画面透出底层的人物图像。

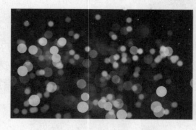 

STEP 15
添加图层蒙版

单击"添加图层蒙版"按钮，给"图层8"添加图层蒙版，使用黑色柔角画笔在蒙版中的人物位置处涂抹，隐藏人物身上的光斑效果。

STEP 16
添加花纹元素

打开第3章\02\media\花纹.png文件，将其拖入成为"图层9"，放置在图中合适的位置上，设置图层混合模式为"强光"，"不透明度"为30%。

STEP 17
调整画面的明暗对比

单击"创建新的填充或调整图层"按钮，在"图层"面板上创建"色阶"调整图层，并设置参数，调整画面整体的明暗对比。至此，完成本实例的制作。

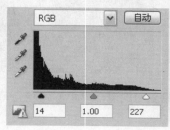 

Works 03 制作人物写真图像

任务目标（实例概述）

本实例通过 Photoshop 中的污点修复工具、修复画笔工具、"智能锐化"命令等功能的配合使用制作完成。在制作过程中，主要难点在于分别运用污点修复画笔工具和修复画笔工具修复人物皮肤的痘印等。重点在于运用几个颜色调整命令来调整画面色调，以及使用"智能锐化"命令锐化眼睛等重要部分。

光盘路径

原始文件
第 3 章 \03\media\ 人物 .jpg、078.jpg、079.psd~080.psd、文字 .png

最终文件
第 3 章 \03\complete\ 制作人物写真图像 .psd

任务向导（知识精讲）

序 号	操作概要	知识点	知识水平
1	修复皮肤的斑点	污点修复画笔工具	中级
2	修复皮肤的斑块	修复画笔工具	中级
3	锐化眼睛和嘴唇	"智能锐化"命令	中级

1. 污点修复画笔工具

污点修复画笔工具 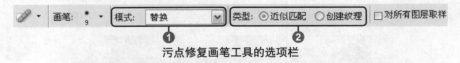 可自动根据近似图像颜色修复图像中的污点，从而与图像原有的纹理、颜色、明度匹配。该工具主要针对以点状形式存在的小面积污点。通过在污点上小范围单击鼠标，快速修复污点，注意设置的画笔大小需要比污点略大。

污点修复画笔工具的选项栏

❶模式：其中"替换"模式是修复工具里特殊的混合模式。选择"替换"可以保留画笔描边的边缘处的杂色、胶片颗粒和纹理。

❷类型：设置源取样类型。其中"近似匹配"定义取样方式为自动采用污点四周的像素；"创建纹理"定义创建一个用于修复该区域的纹理。

| 原图 | 近似匹配 | 创建纹理 |

2. 修复画笔工具

修复画笔工具 运用指定的源图像对区域性的图像进行修复。修复画笔工具 的使用和污点修复画笔工具类似，但首先要指定源。通过选项栏可以设置源的类型。

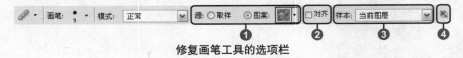

修复画笔工具的选项栏

❶ **源**："取样"定义按 Alt 键的同时单击图像，为修复图像取样，修复则以取样点的图像像素为修复标准；"图案"定义修复的标准以"图案"选取器提供的图案为修复标准。

❷ **对齐**：对每个描边使用相同的位移。修复图像时以上次未复制完成的图像为修复目标；取消"对齐"复选框时，修复图像以按 Alt 键时取样的区域为基准修复目标。

❸ **样本**：包括"当前图层"、"当前和下方图层"、"所有图层"3 种样本模式。

❹ ：关闭以在修复时包含调整图层；打开以在修复时忽略调整图层。

3. "智能锐化"命令

"智能锐化"命令可以将图像中模糊像素变为清晰锐化的效果。通过增加相邻像素的对比度，将较软的边缘明显化，并使图像对焦。但过度使用后，将会导致图像严重失真。在"智能锐化"对话框中可以设置锐化的参数。

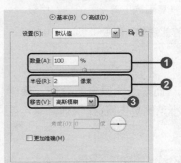

❶ **数量**：该项设置的是决定应用照片的锐化量。

❷ **半径**：决定锐化从边缘开始向外影响了多少像素。多数情况下取 1 或 2，最高不超过 4，一般不使用大于 4 的值。

❸ **移去**：移去下拉列表中有 3 种模糊类型，其中高斯模糊是较一般的选择；镜头模糊能更好地确定边缘，色晕更少；动感模糊在有模糊角度时使用。使用这些类型可以更有效地对图像进行锐化。

| 原图 | "数量"为 150%，"半径"为 1.5 像素 | "数量"为 400%，"半径"为 4 像素 |

 任务实现（操作步骤）

STEP 01
打开文档并修复
污点

执行"文件>打开"命令，打开本书配套光盘中的第3章\03\media\人物.jpg文件，复制图层为"图层1"。然后单击污点修复画笔工具 ，在选项栏的"画笔"选取器中设置"直径"为20px，"硬度"为70%，完成后在人物嘴角的瑕疵处单击，修复污点。

  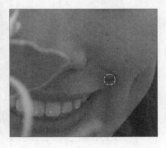

STEP 02
清除斑点

使用相同的方法，修复人物面部与额头较明显的痘印与斑点。

  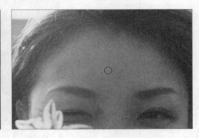

STEP 03
进一步修复细节

单击修复画笔工具 ，在选项栏中设置画笔大小，单击额头细微的斑点与牙齿处的白斑，修复人物面部细微的瑕疵。

 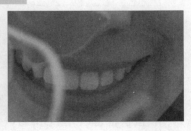

STEP 04
修复人物眼袋

按快捷键Ctrl+J复制图层为"图层1 副本"，继续选择修复画笔工具 ，在选项栏的"画笔"选取器中设置参数，降低画笔的硬度，在眼袋处反复单击，清除人物的眼袋。

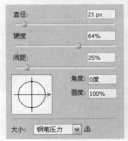 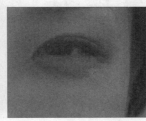 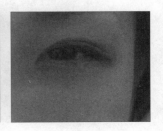

STEP 05
调节曲线

单击"创建新的填充或调整图层"按钮 ⚫. ，在"图层"面板创建"曲线"调整图层并设置参数，调节画面亮度，单击调整图层的蒙版缩览图，使用黑色柔角画笔在背景处涂抹，使画面提亮效果只作用在人物身上。

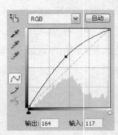

STEP 06
调节图像色相 / 饱和度

继续创建"色相/饱和度"调整图层，并设置参数，增强画面的颜色饱和度，人物的肤色也受到影响。单击调整图层的蒙版缩览图，使用黑色柔角画笔在人物面部涂抹，使皮肤颜色保持原状。

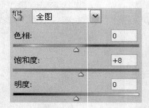

STEP 07
调节草地颜色

继续创建"可选颜色"调整图层，并设置参数，增强草地的绿色。此步骤的颜色调整没有影响到人物肤色，所以不用在图层蒙版上涂抹人物皮肤部位。

STEP 08
柔化图像

按快捷键Shift+Ctrl+Alt+E盖印可见图层为"图层2"，执行"滤镜>模糊>高斯模糊"命令，设置"半径"为4像素，设置图层混合模式为"叠加"，"不透明度"为50%、"填充"为80%，柔化图像效果。

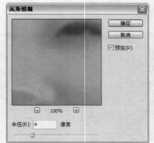

STEP 09
锐化局部

盖印可见图层为"图层3",单击多边形套索工具🔽在人物眼部建立选区,执行"滤镜>锐化>智能锐化"命令,在弹出的对话框中,设置"数量"为300%、"半径"为3像素,锐化人物的眼睛部分,使人物眼部更有神。

STEP 10
添加素材

打开本书配套光盘中的第3章\03\media\文字.png文件,将其拖入成为"图层4",并放置在画面左上角。新建"图层5",单击椭圆选框工具◯,按住Shift键在右上角建立正圆选区,填充为黄色(R255、G228、B81)。使用多边形套索工具🔽,在圆形周围建立方形的选区并填充黄色,然后按快捷键Ctrl+J复制选区,分别复制6个方形,分别放置在太阳的周围,并按快捷键Ctrl+T对其旋转,最终形成一个太阳的样式。

STEP 11
设置图层样式

按快捷键Ctrl+E向下合并图层为"图层5",单击"图层"面板下方的"添加图层样式"按钮 _fx._,选择"外发光"命令,设置颜色为黄色(R250、G252、B69),并设置其他参数,使太阳周围发出光晕。单击"添加图层蒙版"按钮◻,使用黑色柔角画笔对太阳与地面交接的部分进行涂抹,使太阳与草地间产生一定层次。至此,完成本实例的制作。

Works 04 制作博客背景图像

任务目标（实例概述）

本实例通过 Photoshop 中的仿制图章工具、文字工具、"图像大小"命令、"画布大小"命令、图层蒙版等功能配合使用制作完成。在制作过程中，主要难点在于使用图层蒙版将添加的前景人物与背景较为自然地结合在一起。重点在于区别图像大小命令与画布大小命令的不同。

光盘路径	**原始文件**
	第 3 章 \04\media\ 女子 1.jpg、女子 2.jpg、背景 .png、烟雾 .jpg
	最终文件
	第 3 章 \03\complete\ 制作博客背景图像 .psd

任务向导（知识精讲）

序　号	操作概要	知识点	知识水平
1	修复草地背景	仿制图章工具	中级
2	设置文件的图像大小	图像大小	中级
3	调整画面的画布大小	画布大小	中级
4	添加文字的外发光效果	外发光图层样式	中级

1. 仿制图章工具

仿制图章工具 🔲 使特定区域的图像仿制到指定区域，即取样区域和仿制区域的图像像素完全一致。仿制图章工具可以在一个图像的不同区域或在多个图像上使用，当前图像的颜色模式必须一致。按 Alt 键为修复图像取样，拖动鼠标，显示十字光标时为仿制的取样区域，显示图章时为进行图像仿制的区域。

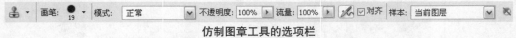

仿制图章工具的选项栏

按住 Alt 键取样　　　　　　　"正常"模式

2. 图像大小

在 Photoshop 中可以随时调整图像的大小和画布尺寸。其中"图像大小"命令主要是通过重新定义图像的像素来调整图像大小。执行"图像 > 图像大小"命令，在弹出的"图像大小"对话框中显示了图像的"像素大小"和"文档大小"以及分辨率情况。

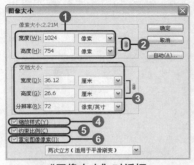

"图像大小"对话框

❶ **像素大小**：按像素定义图像宽度和高度。

❷ 锁定图像的宽度和高度比。

❸ **文档大小**：设置文档的宽度、高度以及分辨率。

❹ **缩放样式**：调整图像大小时按比例缩放效果。

❺ **约束比例**：限制长宽比。

❻ **重定图像像素**：插入图像像素信息。

3. 画布大小

"画布大小"命令通过调整画布的大小来单纯修改图像窗口的大小。执行"图像 > 画布大小"命令，在"画布大小"对话框中新建画布大小以及定位画布的扩展方向和设置画布扩展颜色来调整画布大小。

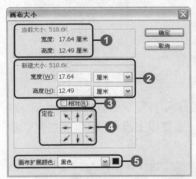

"画布大小"对话框

❶ **当前大小**：显示当前图像的尺寸大小。

❷ **新建大小**：设置新建的画布大小。

❸ **相对**：设置新的尺寸大小是相对或绝对。

❹ **定位**：设置新建画布的扩展方向。

❺ **画布扩展颜色**：提供画布扩展颜色或通过单击颜色缩览图，在弹出的"选择画布扩展颜色"对话框中自定义画布扩展颜色。

4. 外发光图层样式

单击"图层"面板下方的"添加图层样式"按钮 *fx*，可以给图层添加各种图层样式。其中"外发光"图层样式可以给指定的图层添加外发光的效果。添加"外发光"效果的图层好像下面多了一个层，这个假想层的填充范围比上面的略大，默认透明度为 75%，从而产生层外侧边缘"发光"的效果。

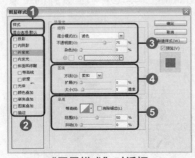

"图层样式"对话框

❶ **样式与混合选项**：样式中有很多软件自带的图层样式；混合模式中的参数是软件默认的，一般不用更改。

❷ **图层样式**：图层样式种类很多，可以为图层添加许多不同的效果。

❸ **结构**：分别对外发光部分的颜色、混合模式及不透明度等进行设置。

❹ **图素**：提供了不同的扩散方法以及对扩展大小参数的设置。

❺ **品质**：等高线的选择可以使扩散的亮光呈现不同的形态。

任务实现（操作步骤）

STEP 01
新建文档

执行"文件>新建"命令，在"新建"对话框中设置"名称"为"制作博客背景图像"，设置参数，完成后单击"确定"按钮。执行"文件>打开"命令，打开本书配套光盘中的第3章\04\media\女子1.jpg文件。

STEP 02
建立选区

将照片拖入新建图像窗口中成为"图层1"。单击矩形选框工具[⬚]，避开人物，在左边空旷的草地处建立选区，并设置羽化，其中羽化半径为25像素。

STEP 03
复制草地图层

按快捷键Ctrl+J复制选区为"图层2"，单击移动工具[▶+]将复制的图像向左移动，然后复制"图层2"为"图层2副本"，将图层向左移动，重复以上操作，继续复制两个图层，移动图层将左侧的空白区域填满。

STEP 04
合并图层并修复草地

选择"图层2副本3"，按4次快捷键Ctrl+E向下合并图层为"图层1"，单击仿制图章工具[♨]，按住Alt键在草地连接自然的地方单击，释放Alt键，在草地有明显分界的位置涂抹，使草地连接更自然。

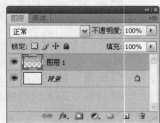

STEP 05
调整画布大小

执行"图像>画布大小"命令,弹出"画布大小"对话框,设置参数,增大画布,单击"确定"按钮完成操作。

STEP 06
添加人物图像

打开本书配套光盘中的第3章\04\media\女子2.jpg文件,将照片拖入图像窗口成为"图层2",按快捷键Ctrl+T变换图像为合适大小,并将其放置在图像左上角。

STEP 07
添加图层蒙版使
人物结合自然

单击"图层"面板下方的"添加图层蒙版"按钮 ,在"图层2"上添加图层蒙版,选择黑色柔角画笔,在人物周围涂抹,使人物与草地结合自然。

STEP 08
调节画面的明暗
细节

单击"创建新的填充或调整图层"按钮 ,在"图层"面板中创建"色阶"调整图层,设置参数调节画面的色阶,增强画面明暗细节。

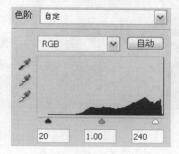

STEP 09
调节画面亮度

继续创建"曲线"调整图层，设置参数调节画面亮度，然后单击图层蒙版缩览图，使用黑色柔角画笔在人物身上涂抹，使人物亮度不受影响。

STEP 10
添加烟雾素材

打开第3章\04\media\烟雾.jpg文件，将其拖入图像窗口成为"图层3"，放置在如图位置，设置图层混合模式为"滤色"。单击"添加图层蒙版"按钮，在图层上添加蒙版，使用黑色柔角画笔，对烟雾边缘进行涂抹，使边缘更柔和。

STEP 11
添加博客名称

设置前景色为白色，单击横排文字工具，在图像上输入英文字母并设置英文字母参数。然后单击"添加图层样式"按钮，在下拉菜单中选择"外发光"命令，在对话框中设置发光颜色为绿色（R107、G189、B111），设置参数后文字边缘发出绿色的柔光，将文字放置在烟雾之上。

STEP 12
继续添加文字

继续在图像上输入英文，单击"添加图层样式"按钮，重复上述操作，给文字添加外发光效果。

CHAPTER
03

STEP 13
制作光晕

设置前景色为白色，新建"图层4"，单击画笔工具 ✐，在选项栏中设置画笔属性，在草地的位置处单击，按键盘中的"["和"]"键，更改画笔大小进行绘制。

STEP 14
加深光晕效果

重复之前的操作，新建"图层5"，绘制较大一些的光晕，然后更改图层的混合模式为"叠加"。

STEP 15
添加博客模板

打开第3章\04\media\背景.png文件，将其拖入图像窗口成为"图层6"，查看博客的制作效果。至此，本实例的制作完成。

Works 05　网络商品的拍摄与处理

 任务目标（实例概述）

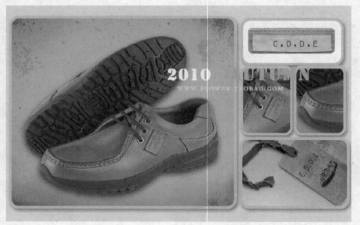

本实例通过 Photoshop 中的圆角矩形工具、"扩展"命令、图层样式等功能的配合使用制作完成。在制作过程中，主要难点在于使用圆角矩形工具将图像区分为几个板块再组合。重点在于用图层样式给图像添加细节。

光盘路径

原始文件
第 3 章 \05\media\ 鞋子 .jpg、商标 .jpg、标签 .jpg、文字 .png

最终文件
第 3 章 \03\complete\ 网络商品的拍摄与处理 .psd

 任务向导（知识精讲）

序　号	操作概要	知识点	知识水平
1	调整各部分图像的边缘	圆角矩形工具	中级
2	给图像添加底层颜色	"扩展"命令	中级
3	给图层添加投影效果	投影图层样式	中级

1．圆角矩形工具

圆角矩形工具█可在图像上建立圆角矩形形状的路径。在选项中可以设置它的参数，进而对圆角矩形的形状进行变化。

圆角矩形工具的选项栏

❶**形状图层按钮**█：在图层上可直接拖动出填充了前景色的形状，在"图层"面板内将自动创建形状图层。

路径按钮█：在图层上只能拖动出形状的闭合路径，并无任何颜色。

填充像素按钮█：在图层上拖动鼠标时，在该图层上的形状内部直接填充前景色。

❷**半径**：半径越大，圆角矩形的四个角越圆润。

半径为 0 像素　　半径为 50 像素　　半径为 200 像素

❸**添加到路径区域**：创建全部路径的选区最终为相加状态。

从路径区域减去：当第二个形状与之重叠时，最终选区需要减去重叠的部分。

交叉路径区域：继续创建形状与之重叠，最终选区即为重叠的部分。

重叠路径区域除外：创建的形状的选区各自保持形状，既不合并也不删减。

添加到路径区域状态下　　　　　　从路径区域减去状态下

交叉路径区域状态下　　　　　　重叠路径区域除外状态下

2."扩展"命令

"扩展"命令可扩展选区，保持之前选区的形状，但更加圆润。在图层上建立选区之后，执行"选择 >
修改 > 扩展"命令，在"扩展"对话框中设置参数，参数越大，扩展后选区也越大同时边角更圆滑。

 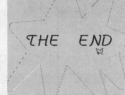 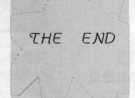

在图层上建立选区　　　　扩展量为 10 像素　　　　扩展量为 20 像素　　　　扩展量为 50 像素

3. 投影图层样式

单击"图层"面板下方的"添加图层样式"按钮 **fx.**，可以给图层添加图层样式。"投影"图层样式
可以给指定的图层添加投影效果。在"图层样式"对话框中，可以设置投影参数，调整投影大小、距离、
透明度等等。

❶**结构**：调整投影的颜色、混合模式、不透明度以及投影的角度、距离大小、边缘扩展等等。

❷**品质**：对等高线不同的选择可以使投影的形状呈现不同的状态。

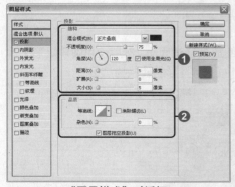

"图层样式"对话框

任务实现（操作步骤）

STEP 01
新建文档

设置背景色为浅灰色（R224、G221、B213），执行"文件>新建"命令，在"新建"对话框中设置"名称"为"网络商品的拍摄与处理"，尺寸为16厘米x10厘米，"背景内容"设置为"背景色"，单击"确定"按钮完成设置。

STEP 02
打开文件并建立选区

打开本书配套光盘中的第3章\05\media\鞋子.jpg文件，将其拖入新建图像窗口成为"图层1"，单击圆角矩形工具，在选项栏中设置"半径"为40像素，在鞋子的细节处拖动建立形状。

STEP 03
复制皮鞋图像

按快捷键Ctrl+Enter将形状转化为选区，按快捷键Ctrl+J复制选区为"图层2"。按住Ctrl键单击"图层2"的图层缩览图，在图层上生成同等大小的选区，单击矩形选框工具，移动选区到皮鞋鞋尖的部分。选择"图层1"，然后按快捷键Ctrl+J复制该选区内图像为"图层3"。

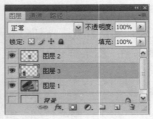

STEP 04
建立皮鞋选区

选择"图层1"，按快捷键Ctrl+T将"图层1"缩放到合适大小。然后使用圆角矩形工具，在皮鞋主体上建立形状并按快捷键Ctrl+Enter将形状转换为选区。

STEP 05
排列图像位置

复制该选区为"图层4",删除"图层1",同时选择"图层2"与"图层3",按快捷键 Ctrl+T对图层进行同比例缩小至合适位置。

STEP 06
添加商标

打开第3章\05\media\商标.jpg文件,将其拖入成为"图层5",放置在图像的右上角。

STEP 07
添加标签图像

打开第3章\05\media\标签.jpg文件,将其拖入成为"图层6",放置在图像的右下角,使用移动工具将各图层的图像放置到合适位置,使画面构图更完整。

STEP 08
清除图像棱角

单击圆角矩形工具，在"图层6"上拖动出形状。按快捷键Ctrl+Enter将形状转换为选区,按快捷键Shift+Ctrl+I反选选区,按Delete键清除选区内容,使图像的边缘变得圆润。

STEP 09
重复操作以清除
商标棱角

重复以上操作,选择"图层5",在图像上建立圆角矩形的形状并转化为选区。按快捷键Shift+Ctrl+I对选区进行反选,按Delete键清除选区内容。

STEP 10
创建新组

创建"组1"，将皮鞋的几个图像图层拖入组内。在"组1"上单击鼠标右键，选择"复制组"命令生成"组1副本"。在该组上单击鼠标右键，执行"合并组"命令，生成"组1副本"图层。

STEP 11
建立底部选区

按住Ctrl键单击"组1副本"的图层缩览图，在图像上生成选区。执行"选择>修改>扩展"命令，设置"扩展量"为14像素，使选区扩展。

STEP 12
填充底色

新建"图层7"，按快捷键Alt+Delete填充选区，颜色为浅灰褐色（R205、G199、B182），然后将"图层7"放置在"组1"之下，给画面添加底部颜色。

STEP 13
设置图层样式

双击"图层7"，在弹出的"图层样式"对话框中勾选"投影"复选框，设置各项参数，给底色添加淡淡的阴影。

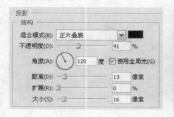 

STEP 14
添加文字元素

打开第3章\05\media\文字.png文件，将其拖入成为"图层8"，放置在图像中心偏右的位置，给图像添加标题及网店的地址。至此，完成本实例的制作。

CHAPTER
04

色彩与色调的调整

本章案例主要学习图像处理中所运用到的颜色调整和处理的一系列工具，并配合绘制工具等的使用，将普通的图像处理成富有意境和设计感的作品。重点在于对不同的图像根据其特点运用不同的方法进行高级处理，这在设计工作中是常用并至关重要的一环。

本章案例	知识点
Works 01 调整偏色的图像	色阶
Works 02 制作个性视觉图像	色彩平衡、曲线
Works 03 为黑白照片制作自然的色彩	通道混合器
Works 04 制作层次丰富的黑白照片	阴影/高光、黑白、去色、曝光度
Works 05 制作艺术绘画图像	渐变映射、阈值
Works 06 制作 lomo 视觉图像	匹配颜色

Works 01 调整偏色的图像

 任务目标（实例概述）

本实例运用 Photoshop 中的色阶、橡皮擦工具等的配合使用制作完成。在制作过程中，主要难点在于结合"复制"命令、绘制工具以及图像调整命令的运用，对图像不同区域进行颜色、亮度等的调整。重点在于对不同的颜色通道分别进行调整，得到自然逼真的图像效果。

光盘路径	原始文件
	第 4 章 \01\media\085.jpg、086.psd、087.png
	最终文件
	第 4 章 \01\complete\ 调整偏色的图像 .psd

 任务向导（知识精讲）

序　号	操作概要	知识点	知识水平
1	调整图像色相和色阶	色阶	中级

色阶

当一幅图需要校正整体色调或颜色时，使用"色阶"命令是不错的选择，当然也可以在每个彩色通道中进行调整。"色阶"命令可以精确调整图像中的暗调、亮调和中间调。执行"图像 > 调整 > 色阶"命令或按快捷键 Ctrl + L，弹出"色阶"对话框，在对话框中可以调整选项，不满意时按下 Alt 键，"取消"按钮会变为"恢复"按钮，单击"恢复"按钮可还原到初始状态。

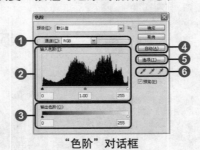

"色阶"对话框

❶ **通道**：包括 RGB 复合通道和单色通道。其中 RGB 通道改变整个图像；单色通道只改变单个通道。按 Shift 键可以同时选择两个通道来调整。

❷ **输入色阶**：通过直方图显示图像的色阶信息，并且通过拖动下面的黑、灰、白滑块来调整图像的

黑场、白场、灰场的数值。其中向右拖动黑滑块增大图像暗调的区域，图像变暗；拖动灰滑块调整图像的中间色调；向左拖动白滑块增大图像亮调的区域，图像变亮。

原图

向右调整黑场

向左调整灰场

向左调整白场

❸ **输出色阶**：输出色阶的黑场、白场数值，拖动滑块得到的效果和"输入色阶"相反。向右拖动黑滑块调亮图像中的暗部区域；向左拖动白滑块降低图像中的亮部区域。

向右调整黑场

向左调整白场

❹ **自动**：自动调整图像的对比度与明暗度，相当于"自动色阶"命令。

❺ **选项**：单击该按钮弹出"自动颜色校正选项"对话框，用于快速调整图像的色调。其中"算法"定义增强对比度的对象类型；"目标颜色和剪贴"分别设置阴影、中间调、高光颜色和剪贴百分比；"存储为默认值"复选框将参数设置存储为自动颜色校正的默认设置。

自动

增强单色对比度

增强每通道的对比度

查找深色与浅色

❻ **取样吸管** ：通过在图像中单击取样，分别设置黑场、灰场、白场。注意在 Lab 色彩模式下的图像中不能使用灰吸管。

设置黑场

设置灰场

设置白场

任务实现（操作步骤）

STEP 01
打开文档

执行"文件>打开"命令，打开本书配套光盘中第4章\01\media\085.jpg文件。在"图层"面板中将"背景"图层拖移至"创建新图层"按钮 处，复制"背景副本"。

STEP 02
调整灰场色阶

执行"图像>调整>色阶"命令，在"色阶"对话框中单击"在图像中取样以设置灰场"按钮 ，在画面左上角天空处单击取样绿色，在"色阶"对话框中自动调整色阶。

 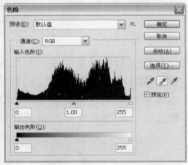

STEP 03
调整红通道

在"通道"下拉列表中选择"红"通道，然后拖动"输出色阶"渐变颜色条中的黑色滑块，将其拖动到22的位置，单击"确定"按钮。

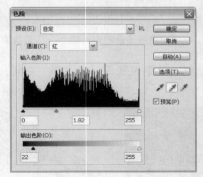 

STEP 04
调整白场色阶

再次执行"图像>调整>色阶"命令，在"输入色阶"编辑区域中设置白色滑块的参数，单击"确定"按钮，调整图像亮度。

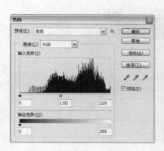

STEP 05
擦除图像

单击橡皮擦工具 ，在选项栏的"画笔预设"选取器中选择"喷枪柔边圆300"，"主直径"为500px，设置"流量"为30%，完成后在"背景副本"图层的天空处进行擦除，透出"背景"图层的图像。

STEP 06
继续擦除图像

继续擦除副本图像的天空部分，根据画面适当调整画笔的"流量"或"不透明度"，结合快捷键Alt+Ctrl+Z随时取消不满意的操作。完成后选择"背景"图层，并使用前面相同的方法适当调亮色阶。

STEP 07
添加素材

使用前面相同的方法，选取人物面部并进行调亮。然后执行"文件>打开"命令，分别打开本书配套光盘中第4章\01\media\086.psd、087.png文件，使用移动工具分别将素材添加到当前操作的图像窗口中，适当调整大小和位置，并将草地重新填充为白色，使画面更加统一。至此，完成本实例的创作。

Works 02 制作个性视觉图像

 任务目标（实例概述）

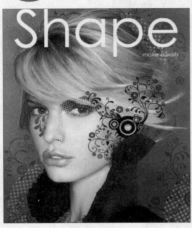

本实例运用 Photoshop 中的色彩平衡、曲线、海绵工具等的配合使用制作完成。在制作过程中，主要难点在于运用色彩平衡和曲线分别调整图像的色相、色阶等。重点在于使用海绵工具对图像进行去色处理。

光盘路径	原始文件
	第 4 章 \02\media\088.jpg、089.png~092.png
	最终文件
	第 4 章 \02\complete\ 制作个性视觉图像 .psd

 任务向导（知识精讲）

序 号	操作概要	知识点	知识水平
1	将图像颜色调整为冷色系	色彩平衡	中级
2	调整图像的色阶	曲线	中级

1. 色彩平衡

"色彩平衡"命令通过调整各种色彩的色阶平衡来校正图像中出现的偏色现象。图像在"通道"面板中处于复合通道时，执行"图像 > 调整 > 色彩平衡"命令或按快捷键 Ctrl+B，将弹出"色彩平衡"对话框。

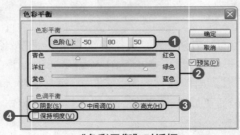

"色彩平衡"对话框

❶**色阶**：设置色彩通道的色阶值，范围为－ 100 ～＋ 100，当参数为负值时滑块在左方，参数为正值时滑块在右方。

❷**滑块**：拖动滑块就可改变基色与补色的比例，即基色与补色的比例关系为反比。

❸**色调平衡**：针对阴影、中间调、高光 3 个不同色调进行色彩调整。

❹**保持明度**：在调整色彩平衡的同时确保色彩的亮度值不变。

原图　　　　　阴影　　　　　中间调　　　　　高光

2. 曲线

　　"曲线"命令利用曲线精确地调整图像的色阶。执行"图像调整 > 曲线"命令，或按快捷键 Ctrl+M 弹出"曲线"对话框。曲线在一个二维坐标系中，横轴代表输入色调，可以对曲线上的 3 个变量进行调整，还可以调整 0 ～ 255 范围内的任意点，以及使用曲线对图像中个别颜色通道进行精确的调整。

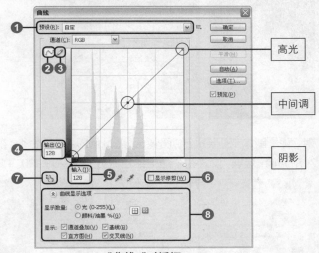

"曲线"对话框

　　❶**预设**：提供了多种曲线调整模式，分别有默认值中对比度、反冲、增加对比度、强对比度、彩色负片、线性对比度、负片、较亮、较暗和自定。

原图　　　　　反冲　　　　　彩色负片　　　　　较暗

　　❷**"调整"按钮**：默认状态下选择此按钮，表示通过编辑点来修改曲线。在曲线上单击则增加点；把点拖到对话框以外则删除点；拖动点则调节曲线。

　　❸**"铅笔"按钮**：通过拖动鼠标直接绘制的方式来修改曲线。绘制完成后，单击"曲线"对话框右边的"平滑"按钮，使曲线平滑。按住 Shift 键可以绘制直线。

④ **输出**：垂直轴代表输出值，表示图像的新值，与色阶中的输出色阶类似。

⑤ **输入**：水平轴代表输入值，表示图像原色阶值，与色阶中的输入色阶类似。

⑥ **显示修剪**：显示图像中发生修剪的位置。

⑦ **取样并拖动**：在图像中单击取样，并在垂直方向拖动以修改曲线。

⑧ **曲线显示选项**：单击扩展箭头以打开扩展选项组，用于设置曲线的显示效果，其中"显示数量"
定义曲线为显示光量（加色）或显示颜料量（减色）。

 任务实现（操作步骤）

STEP 01
打开文档

执行"文件>打开"命令，打开本书配套光盘中第4章\02\media\088.jpg文件。完成后
将"背景"图层拖移至"创建新图层"按钮 处，复制一个"背景副本"图层。

STEP 02
调整色彩平衡

对"背景副本"图层执行"图像>调整>色彩平衡"命令，在"色彩平衡"对话框中选择
"中间调"选项，设置各个通道的色阶分别为-75、+20、+100，将图像调整为冷色调。

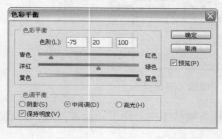

STEP 03
调整曲线

执行"图像>调整>曲线"命令，在"曲线"对话框中单击曲线，建立曲线点后向下拖
动，适当降低色阶的亮度，单击"确定"按钮。

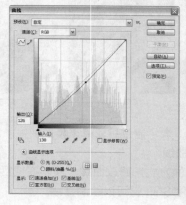

STEP 04
调整选区图像

单击套索工具 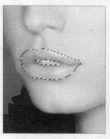，沿嘴唇轮廓创建选区，按住Alt键同时减选牙齿选区，执行"色彩平衡"命令并设置参数，将嘴唇调整为鲜艳的红色，最后按快捷键Ctrl+D取消选择。

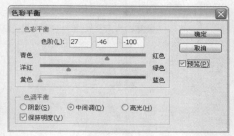

STEP 05
调整眼眶

在选项栏中设置"羽化"为15px，选取人物眼眶，执行"色彩平衡"命令调整眼眶的颜色，在"色彩平衡"对话框中选择"阴影"选项。

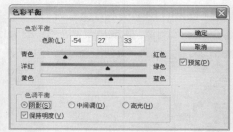

STEP 06
调整选区图像

单击快速选择工具 ，选择眼珠，在"曲线"对话框的"通道"下拉列表中选择"蓝"，然后单击并向上拖动曲线，调亮"蓝"通道的色阶，单击"确定"按钮。

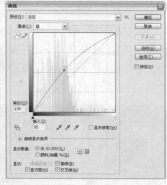

STEP 07
去除头发颜色

按快捷键Ctrl+D取消选区，单击海绵工具 ，在选项栏的"画笔预设"选取器中选择较柔和的画笔，设置"模式"为"去色"，然后在头发上进行绘制，去除头发的颜色。

STEP 08
填充图像

执行"文件>打开"命令，打开本书配套光盘中第4章\02\media\089.png文件，单击移动工具，将图像拖移至当前操作的图像窗口中，得到"图层1"，完成后单击"锁定透明像素"按钮，然后设置前景色为蓝色（R13、G49、B98）并填充图像。

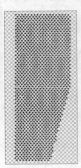

STEP 09
设置混合模式

设置"图层1"的图层混合模式为"叠加"，然后单击橡皮擦工具，沿人物的五官结构擦除多余图像，完成后复制一个"图层1副本"，加强图像的混合效果。

STEP 10
添加其他素材

打开本书配套光盘中第4章\02\media\090.png文件，将其添加到当前操作的图像窗口中，设置图层的混合模式为"正片叠底"，并使用橡皮擦工具擦除多余图像。完成后继续添加其他素材，根据画面效果适当调整图层的"不透明度"，并擦除多余图像，完成作品的制作。

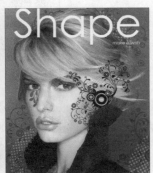

Works 03 为黑白照片制作自然的色彩

 任务目标（实例概述）

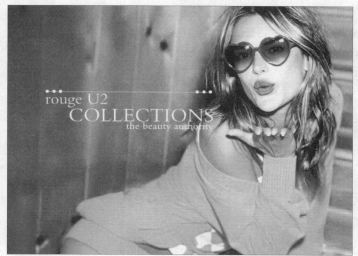

本实例运用 Photoshop 中的通道混合器、套索工具等的配合使用制作完成。在制作过程中，主要难点在于分别对各个选区内的图像进行通道混合的设置。重点在于熟悉各个通道的特点和操作方法，以及结合图层的混合模式的运用，创建自然的颜色。

光盘路径	原始文件
	第 4 章 \03\media\095.jpg、096.png
	最终文件
	第 4 章 \03\complete\ 为黑白照片制作自然的色彩 .psd

任务向导（知识精讲）

序　号	操作概要	知识点	知识水平
1	为指定的选区设置通道	通道混合器	高级

通道混合器

通道混合器利用保持颜色信息的通道来混合通道颜色，从而改变图像的颜色。通过该命令可以创建由彩色图像转换为单色图像，或者将单色图像转换为彩色图像的效果。执行"图像 > 调整 > 通道混合器"命令，弹出"通道混合器"对话框。

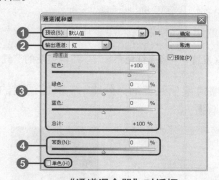

"通道混合器"对话框

❶预设：提供通道的混合预设，主要分为各色滤镜的黑白、默认值和自定三组。其中"默认值"定义不产生通道混合，保持默认设置；"自定"可以分别设置图像颜色模式的各个通道。

❷**输出通道**：在弹出的下拉列表中 RGB 可以选择红、绿、蓝 3 个颜色，CMYK 可以选择青色、洋红、黄色、黑色 4 个颜色。

❸**源通道**：设置红色、绿色、蓝色 3 个通道在整体混合内的影响，范围为－200 ～＋200。

❹**常数**：调整结果的亮度存储到输出通道。

❺**单色**：将图像从彩色图像转换为单色图像。

对话框中的"输出通道"和"源通道"是与图像的"通道"面板相关联的基本通道。根据图像的颜色模式会在该对话框中显示不同的通道。修改某个通道的百分比，将直接反映在图像和"通道"面板中。

原图　　　　　　　　　通道信息　　　　　　"通道混合器"默认设置

选择"红"通道，设置"红色"为 0%，"绿色"为 -200%，消除图像中的红色系。

"通道混合器"对话框　　　消除红色系

调整"常数"，即调整指定的输出通道的结果亮度，图像的暗部调亮为红色。在"通道"面板中显示调整后的"红"通道。

"通道混合器"对话框设置　　调亮红色系　　　调整后的"红"通道

"源通道"混合的原理是，当增强某个通道的百分比时，其他通道的效果相应减弱；减少某个通道的百分比时，其他通道的效果相应增强。

在"绿"通道降低绿色　　其他通道颜色增强

任务实现（操作步骤）

STEP 01
打开文档

执行"文件>打开"命令，打开本书配套光盘中第4章\03\media\095.jpg文件，然后将"背景"图层拖移至"创建新图层"按钮 处，复制一个"背景副本"图层。

STEP 02
调整曲线

对"背景副本"执行"图像>调整>曲线"命令，在"曲线"对话框中单击曲线并向上拖动，增强图像亮度，完成后单击"确定"按钮。

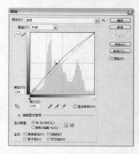

STEP 03
创建选区

单击套索工具 ，在选项栏中设置"羽化"为5px，然后沿人物的皮肤创建选区，完成后执行"图像>调整>通道混和器"命令，在弹出的"通道混和器"对话框中的"红"通道下分别设置各个源通道的参数。

STEP 04
调整通道

分别在"输出通道"下拉列表中选择"绿"通道和"蓝"通道，然后分别设置各个源通道的参数值，注意观察图像的变化，单击"确定"按钮。

STEP 05
复制选区

使用套索工具选取人物头发，按快捷键Ctrl+J复制选区到新图层，得到"图层1"，然后重新执行"通道混合器"命令，在对话框的"红"通道下设置各项参数，注意要将头发调整为黄色。

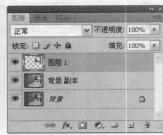

STEP 06
调整"绿"通道
和"蓝"通道

分别在"输出通道"下拉列表中选择"绿"通道和"蓝"通道，然后分别增强"绿色"和"红色"源通道的百分比，注意观察图像的变化，单击"确定"按钮。

STEP 07
设置混合模式

将"图层1"的图层混合模式设置为"柔光"，醒目的黄色透出背景中灰色的图像，使头发的颜色更加自然。完成后使用与前面相同的方法，运用套索工具选取衣服，并复制选区到新图层，得到"图层2"。

STEP 08
调整通道

执行"图像>调整>通道混合器"命令，在弹出的"通道混合器"对话框中分别设置"红"通道和"绿"通道的各个源通道。

STEP 09
调整"蓝"通道

由于前面主要加强了"红"通道的颜色,继续在"蓝"通道下的各个源通道中设置各项参数,适当增强该通道的颜色百分比,混合出粉色。

STEP 10
设置混合模式

设置"图层2"的图层混合模式为"颜色",原黑白图像在添加颜色的同时保留原图像的明度关系。

STEP 11
调整"红"通道

使用相同的方法,将嘴唇复制为"图层3",然后添加一个和衣服相似的通道混合,适当增加"红"通道的值,降低其他通道,完成后选取眼镜并复制为"图层4",在"通道混合器"中设置"红"通道的各项参数。

STEP 12
调整通道

分别设置"绿"通道和"蓝"通道的各项参数,注意图像的变化,单击"确定"按钮。

STEP 13
设置混合模式

设置"图层4"的混合模式为"正片叠底"，透出黑色的眼睛，然后选择镜框并复制为"图层5"，使用"通道混合器"调整为较亮的棕色，再设置其图层混合模式为"滤色"，完成后选取背景图像。

STEP 14
调整"绿"通道

将背景选区复制为"图层6"，然后在"通道混合器"对话框中设置各项参数，注意增强"绿"通道的各个源通道的颜色百分比。

STEP 15
调整"蓝"通道

继续设置"蓝"通道的各个源通道参数，注意该通道的颜色百分比并比其他通道略高，使图像整体呈蓝色基调，完成后单击"确定"按钮，再将图层的混合模式设置为"强光"，透出黑白背景的图像细节。

STEP 16
添加素材

执行"文件>打开"命令，打开本书配套光盘中第4章\04\media\096.png文件，然后使用移动工具将其拖移至当前操作的图像窗口中，适当调整素材图像的位置，完成作品的制作。

Works 04 制作层次丰富的黑白照片

 任务目标（实例概述）

本实例运用 Photoshop 中的阴影/高光、黑白、去色、曝光度等配合使用制作完成。在制作过程中，主要难点在于使用各项调整命令时根据画面效果设置好选项参数。重点在充分理解各种命令操作原理的基础上灵活运用。

光盘路径

原始文件
第 4 章 \04\media\093.jpg、094.png

最终文件
第 4 章 \04\complete\ 制作层次丰富的黑白照片 .psd

 任务向导（知识精讲）

序 号	操作概要	知识点	知识水平
1	调整图像的明度	阴影/高光	中级
2	将图像转换为黑白图像	黑白	中级
3	去除图像的颜色	去色	初级
4	增强图像曝光度	曝光度	中级

1. 阴影/高光

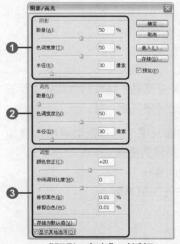

"阴影/高光"对话框

"阴影/高光"命令针对图像中突出的曝光不足或者曝光过度区域进行细节调整。此命令是基于阴影或高光周围图像像素进行增亮与变暗的调整。执行"图像 > 调整 > 阴影/高光"命令，弹出"阴影/高光"对话框，默认状态下是修复"阴影"和"高光"的数量，勾选"显示更多选项"复选框，打开更多选项。

❶ **阴影**：校正阴影，包括数量、色调宽度、半径 3 个选项。其中"数量"调整光照校正量，设置的值越大，就越增亮阴影；"色调宽度"调整阴影或高光中色调的修改范围；"半径"决定了校正的缩放大小。

❷ **高光**：校正高光。

❸ **调整**：调整图像颜色和对比度。其中"颜色校正"调整图像更改部分的颜色；"中间调对比度"调整中间调对比度；"修剪黑色"和"修剪白色"为设置要修剪的黑白和白色部分的值。

2. 黑白

"黑白"主要通过调整各种颜色通道将彩色图片转换为层次丰富的灰色图像。执行"图像 > 调整 > 黑白"命令或按快捷键 Alt + Shift + Ctrl + B，弹出"黑白"对话框。该对话框可以看做"通道混合器"和"色相/饱和度"对话框的综合，构成原理和操作方法也类似。

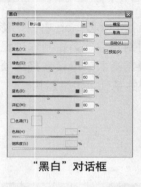

"黑白"对话框　　　　　　　原图

默认值　　　　　最白　　　　　自动　　　　　色调

3. 去色

执行"图像 > 调整 > 去色"命令，图像快速转换为灰度图像，但仍然可以使用画笔工具等进行填色或调整图像颜色的操作。但"去色"命令保留的图像细节较少。

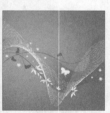

原图　　　　　　　　去色

4. 曝光度

曝光度用于调整图像中高光的曝光度，整体的明度以及灰度的校正。曝光度是基于线性颜色空间，而不是通过当前颜色空间运用计算来调整。执行"图像 > 调整 > 曝光度"命令，弹出"曝光度"对话框。

"曝光度"对话框

❶ **曝光度**：调整图像中高光的曝光度，向右拖动滑块会增加图像的亮度，向左拖动滑块会减少图像的亮度。

❷ **位移**：调整图像的阴影和中间调。

❸ **灰度系数校正**：校正图像中的灰度系数。

任务实现（操作步骤）

STEP 01
打开文档

执行"文件>打开"命令，打开本书配套光盘中第4章\04\media\093.jpg文件，然后将"背景"图层拖移至"创建新图层"按钮 处，复制一个"背景副本"图层。

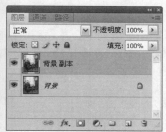

STEP 02
调整阴影/高光

对"背景副本"执行"图像>调整>阴影/高光"命令，在弹出的"阴影/高光"对话框中设置阴影"数量"为23%，单击"确定"按钮，减少图像中的阴影数量。

STEP 03
调整黑白图像

执行"图像>调整>黑白"命令，在弹出的"黑白"对话框中分别设置各个颜色通道的百分比，完成后单击"确定"按钮，得到黑白图像。

STEP 04
高斯模糊

将"背景副本"拖移至"创建新图层"按钮 处，复制一个"背景副本2"，执行"滤镜>模糊>高斯模糊"命令，在弹出的"高斯模糊"对话框中设置"半径"为5像素，单击"确定"按钮，完成后设置图层的混合模式为"变亮"。

STEP 05

调整图像的色相/饱和度

按快捷键Ctrl+E向下合并"背景副本"和"背景副本2"图层，执行"图像>调整>色相/饱和度"命令，在弹出的"色相/饱和度"对话框勾选"着色"复选框，然后设置各项参数，完成后单击"确定"按钮。

STEP 06

图像去色

将"背景"图层拖移至"创建新图层"按钮 处，重新复制一个"背景副本2"，然后将其调整到顶层，执行"图像>调整>去色"命令。

STEP 07

设置混合模式

对"背景副本2"执行"滤镜>模糊>高斯模糊"命令，在弹出的"高斯模糊"对话框中设置"半径"为15像素，单击"确定"按钮，然后设置图层的混合模式为"柔光"，透出下面的色彩背景。

STEP 08
调整曝光度

对"背景副本2"执行"图像>调整>曝光度"命令,在弹出的"曝光度"对话框中设置各项参数,完成后单击"确定"按钮,提高图像的曝光度。

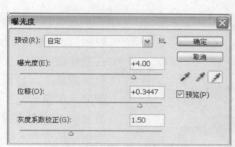

STEP 09
添加素材

执行"文件>打开"命令,打开本书配套光盘中第4章\04\media\094.png文件,然后单击移动工具,将其拖移至当前操作的图像窗口位置,得到"图层1",完成后调整素材图像的位置并设置混合模式为"正片叠底"。

STEP 10
渐变填充

在"图层1"下面新建"图层2",然后单击渐变工具,在选项栏中的"渐变编辑器"中设置色标为白色和透明的白色,单击"确定"按钮,完成后从画面右上角向下进行径向渐变填充,最后添加文字,丰富画面。

Photoshop CS4从入门到精通（创意案例版）

Works 05　制作艺术绘画图像

 ## 任务目标（实例概述）

本实例通过 Photoshop 中的渐变映射、阈值等命令的配合使用制作完成。在制作过程中，主要难点在于通过"渐变编辑器"设置渐变映射，以及针对图像颜色调整合适的阈值。重点在于熟悉渐变映射和阈值的特点与操作方法，从而创建具有艺术绘画效果的图像。

光盘路径

原始文件
第 4 章 \05\media\097.png、098.psd、099.png、100.png

最终文件
第 4 章 \05\complete\ 制作艺术绘画图像 .psd

 ## 任务向导（知识精讲）

序　号	操作概要	知识点	知识水平
1	映射图像为渐变效果	渐变映射	高级
2	将图像转换为单色	阈值	中级

1. 渐变映射

　　"渐变映射"命令通过把渐变色映射到图像上以产生特殊的效果。渐变映射的原理是基于对一个灰度图像填充渐变。默认设置下渐变的第一个色标映射到图像的阴影，后面的色标依次映射到图像中的中间调、亮面等。执行"图像 > 调整 > 渐变映射"命令，弹出"渐变映射"对话框，其中包括了"渐变编辑器"的选项设置。

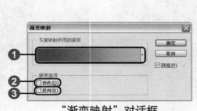

"渐变映射"对话框

渐变编辑器

　　❶**灰度映射所用的渐变**：单击渐变条，弹出"渐变编辑器"对话框，对渐变预设进行具体设置。单

126

击渐变条右方的扩展按钮，在弹出的预设列表中直接选择不同的渐变预设。

❷ **仿色**：可添加随机杂色，使渐变填充的外观减少带宽效果从而平滑渐变。

❸ **方向**：翻转渐变映射的颜色。

原图

渐变映射

反向

设置多个色标

渐变映射

2. 阈值

"阈值"命令用于将彩色或灰度图像根据其色阶的特性，转换为高对比度的黑白图像。以中间值 128 为基准，比这个值亮的颜色越接近白色，比这个值暗的颜色越接近黑色。执行"图像 > 调整 > 阈值"命令，弹出"阈值"对话框。

"阈值"对话框

❶ **阈值色阶**：可以在文本框中输入数值，调整阈值色阶。

❷ **直方图**：像素亮度级的直方图，拖动下面的滑块可以调整阈值色阶。

原图

阈值色阶 128

阈值色阶 90

任务实现（操作步骤）

STEP 01

新建并打开文档

执行"文件>新建"命令，在弹出的"新建"对话框中新建一个13.35厘米×10厘米的文件，单击"确定"按钮，完成后执行"文件>打开"命令，打开本书配套光盘中第4章\05\media\097.png文件。

STEP 02

调整渐变映射

执行"图像>调整>渐变映射"命令，在"渐变映射"对话框中单击渐变颜色条，在弹出的"渐变编辑器"中设置色标为深蓝色（R16、G16、B66），蓝色（R52、G163、B232），蓝色（R128、G240、B252）。

STEP 03

调整阈值

执行"图像>调整>阈值"命令，在弹出的"阈值"对话框中设置"阈值色阶"为172，单击"确定"按钮。

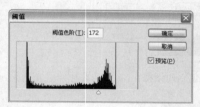 

STEP 04

水平翻转

单击移动工具 ，将人物图像拖移至"制作艺术绘画图像"的图像窗口中，得到"图层1"，然后执行"图像>变换>水平翻转"命令，对图像进行水平翻转，按Enter键用于变换。

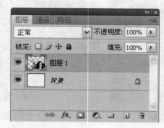 

STEP 05

隐藏图层并定义画笔

打开本书配套光盘中第4章\05\media\098.psd文件，单击"图层4"的"指示图层可视性"按钮👁并向下拖移，连续隐藏图层，只保留"图层1"，完成后执行"编辑>定义画笔预设"命令，在"画笔名称"对话框中设置名称为01.psd，最后单击"确定"按钮。

STEP 06

画笔预设

切换到"制作艺术绘画图像"的图像窗口中，单击画笔工具✏️，在选项栏中单击"切换画笔面板"按钮📋，在弹出的面板中分别在"画笔笔尖形状"和"形状动态"选项下，选择定义的画笔并设置各项参数。

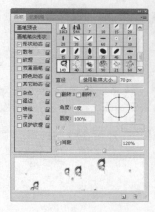

STEP 07

新建图层并绘制蝴蝶

继续勾选"散布"复选框，然后设置各项参数，完成后在"图层1"下面新建"图层2"，然后设置前景色为黑色，使用画笔在画面绘制蝴蝶。

STEP 08

绘制蝴蝶

使用相同的方法，分别使用其他蝴蝶画笔进行绘制，注意大致绘制成Z形，使绘制的蝴蝶多变且有序。

STEP 09
定义画笔

使用相同的方法，打开本书配套光盘中第4章\05\media\099.png文件，将其定义为画笔后在"画笔"面板中设置各项参数。

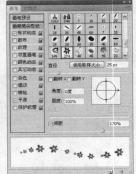

STEP 10
绘制花朵

新建"图层3"，选择刚才定义的花朵画笔，然后在绘制的蝴蝶中随意单击，点缀出大小不一的花朵。

STEP 11
设置色彩范围

执行"选择>色彩范围"命令，在弹出的"色彩范围"对话框中选择"图像"单选按钮，将色彩范围直接定义为整个图像，然后单击"确定"按钮。

STEP 12
渐变填充选区

在"图层1"上面新建"图层4",然后单击渐变工具 ,在选项栏中的"渐变编辑器"中设置和前面操作的"渐变映射"命令中相同的色标,完成后单击"确定"按钮,从画面右下向外对选区进行径向渐变的填充。

STEP 13
渐变填充背景

在"图层4"下面新建"图层5",然后使用渐变工具进行径向渐变填充,其中在"渐变编辑器"中设置色标为蓝色(R63、G61、B145),白色,蓝色(R38、G175、B217),蓝色(R104、G255、B255)。

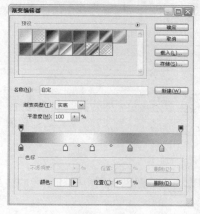

STEP 14
添加素材

打开本书配套光盘中第4章\05\media\100.png文件,将其添加到作品中,最后根据画面效果添加图像和文字元素,完成作品的制作。

Works 06 制作lomo视觉图像

 任务目标（实例概述）

本实例通过 Photoshop 中的匹配颜色、混合模式、镜头光晕等配合使用制作完成。在制作过程中，主要难点在于通过设置匹配源，结合相关图像选项的设置，快速为图像匹配颜色。重点在于理解匹配颜色命令的操作原理，灵活运用各种源图像为作品匹配合适的颜色。

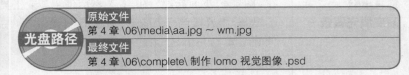

光盘路径

原始文件
第 4 章 \06\media\aa.jpg ～ wm.jpg

最终文件
第 4 章 \06\complete\ 制作 lomo 视觉图像 .psd

 任务向导（知识精讲）

序 号	操作概要	知识点	知识水平
1	通过设置源图像快速对副本图像匹配颜色	匹配颜色	高级

匹配颜色

　　该命令通过设置源图像，可以将目标图像制作为与源图像相同色调和明度的效果。执行"图像 > 调整 > 匹配颜色"命令，弹出"匹配颜色"对话框。

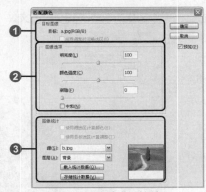

"匹配颜色"对话框

　　❶**目标图像**：将当前操作的图像定义为目标图像。
　　❷**图像选项**：设置目标图像的色调和明度，默认设置"明亮度"和"颜色强度"为100，"渐隐"为0。其中"明亮度"定义图像的亮度；"颜色强度"定义目标图像原来的色调在匹配后保留多少；"渐隐"定义匹配颜色在目标中的渐隐程度；"中和"指可以中和设置的色调。

源图像

目标图像

默认的图像选项

中和

渐隐为 10

渐隐为 50

❸**图像统计**：定义源图像或目标图像中的选区进行颜色的计算，以及定义源图像和具体的哪个图层进行计算。

在目标图像中创建选区

使用目标选区计算调整

任务实现（操作步骤）

STEP 01
打开文档

执行"文件>打开"命令，打开本书配套光盘中第4章\06\media\wm.jpg文件，然后将"背景"图层拖移至"创建新图层"按钮 ▫ 处，复制一个"背景 副本"图层。

STEP 02
调整曲线

对"背景 副本"执行"图像>调整>曲线"命令，在弹出的"曲线"对话框中设置"预设"为"中对比度"，完成后单击"确定"按钮，增强图像的颜色对比度。

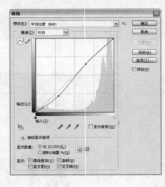 

STEP 03
选定匹配颜色的
源图像

打开本书配套光盘中第4章\06\media\aa.jpg文件，切换回wm.jpg图像窗口，执行"图像>调整>匹配颜色"命令，在"源"选项的下拉列表中选择aa.jpg文件，此时图像统计的缩览图中出现选择的图像。

STEP 04
匹配颜色

继续在"图像选项"中设置"亮度"、"颜色强度"和"渐隐"参数，注意观察预览效果，完成后单击"确定"按钮，图像匹配了选定源图像的颜色。

STEP 05
**复制副本并置为
顶层**

打开本书配套光盘中第4章\06\media\bb.jpg文件, 切换回wm.jpg图像窗口, 将"背景"图层拖移至"创建新图层"按钮 处, 复制一个"背景 副本2"图层, 完成后将其置为顶层。

STEP 06
匹配颜色

执行"图像>调整>匹配颜色"命令, 在"源"选项的下拉列表中选择bb.jpg文件, 然后设置各项参数, 完成后单击"确定"按钮, 为"背景副本2"匹配颜色。

STEP 07
**设置图层的混合
模式**

设置"背景副本2"的图层混合模式为"色相", 使该图层图像以色相的模式与下层图像混合。

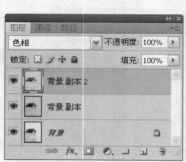

STEP 08
添加镜头光晕

对"背景副本"执行"滤镜>渲染>镜头光晕"命令，在弹出的"镜头光晕"对话框中设置"镜头类型"和"亮度"，并在缩览图中设置光晕的中心点位置，完成后单击"确定"按钮，为画面添加自然的光晕效果。

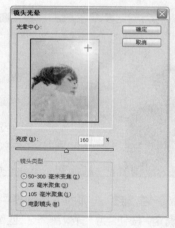

STEP 09
修正边框并添加文字元素

按快捷键Shift+Ctrl+N新建"图层1"，然后单击画笔工具，设置前景色为黑色，沿画面的黑色边框进行绘制，覆盖镜头光晕产生的浅色，最后在画面的右上方添加本书配套光盘中的文字元素，完成作品的制作。

图层的基本认识与应用

本章案例主要学习如何使用图层功能有效地管理众多的图层和对象，以及结合混合模式、图层样式、调整图层的使用，制作独特的图像混合效果和快速地添加样式效果。重点在于掌握图层的基本编辑功能，如新建、删除、复制、调整图层顺序、快速选择图层对象等。

本章案例	知 识 点
Works 01　制作花瓣飞扬的图像	"图层"面板
Works 02　制作加深混合图像	组合型混合模式、加深型混合模式、减淡对比型混合模式
Works 03　制作叠加混合图像	减淡对比型混合模式、色彩比较型混合模式
Works 04　制作可爱风格界面	"图层样式"对话框、图层样式的运用
Works 05　制作霓虹渐变图像	填充图层或调整图层
Works 06　制作海报人物效果	羽化

Works 01 制作花瓣飞扬的图像

 任务目标（实例概述）

本实例通过 Photoshop 中的"图层"面板，结合多边形套索工具、填充工具等配合制作完成。在制作过程中，主要难点在于理解图层的概念，结合"复制"命令和"图层"面板的运用，复制图像与改变图像不透明度。重点在于锁定图像透明像素并改变图像的颜色。

光盘路径

原始文件
第 5 章 \01\media\101.png、103.png～105.png、102.psd、106.psd 等

最终文件
第 5 章 \01\complete\ 制作花瓣飞扬的图像 .psd

 任务向导（知识精讲）

序　号	操作概要	知识点	知识水平
1	利用"图层"面板复制图像并调整图像顺序	"图层"面板	中级

"图层"面板

　　Photoshop CS4 的各项图层功能主要通过"图层"面板来完成，它位于默认工作区的右下方，通常和"通道"面板、"路径"合成组合面板。执行"窗口 > 图层"命令或者按下 F7 键，打开"图层"面板。

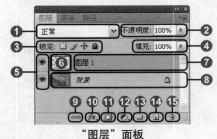

"图层"面板

　　❶正常：设置图层中图像的混合模式。
　　❷不透明度：设置图层中图像的不透明度，范围为 0%～100%，参数值越大图像越不透明。
　　❸锁定：设置图像锁定的范围，其中"锁定透明像素"按钮☒定义锁定图像外的透明像素，即图像的操作仅限于具有像素的对象；"锁定图像像素"按钮✍定义锁定具有像素的对象，即操作限于透明像素；"锁定位置"按钮✛定义锁定图像的移动位置；"锁定全部"按钮🔒即锁定图像的所有属性。
　　❹填充：设置图层内部图像的不透明度。

⑤ **指示图层可视性按钮** 👁：指示图层可视性，单击图标显示或隐藏图层。

⑥ **图层缩览图**：显示图层缩览效果，双击弹出"图层样式"对话框，单击鼠标右键弹出快捷菜单，可以定义图层属性、选择像素以及定义缩览图的显示大小。

"图层属性"对话框　　将缩览图剪切到图层边界　将缩览图剪切到文档边界

⑦ **图层名称**：显示图层的名称以及锁定状态，当名称为灰色状态时为该图层的选择状态。单击选择该图层，双击图层名称可以重命名，双击灰色区域弹出"图层样式"对话框。

⑧ **背景**：新建的 PSD 文件都具有"背景"图层，该图层默认状态下为锁定状态，双击弹出"新建图层"对话框，可以将背景图层转换为普通图层，并设置图层的颜色、模式等。

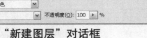

"新建图层"对话框　　　　　转换为普通图层

⑨ **链接图层按钮** 🔗：对两个以上的选定图层进行链接。

⑩ **添加图层样式按钮** *fx*：通过弹出的下拉列表添加图层样式。

⑪ **添加图层蒙版按钮** ▢：为图层添加图层蒙版。

⑫ **创建新的填充或调整图层**：单击该按钮从弹出的下拉列表为图像创建填充或调整图层。

⑬ **创建新组按钮** ▢：创建图层组。

⑭ **创建新图层按钮** ▣：创建空白的图层。按住 Alt 键同时单击该按钮，弹出"新建图层"对话框。

⑮ **删除图层按钮** 🗑：删除选定的图层。按住 Alt 键同时单击该按钮，直接删除该图层。

单击"图层"面板右上方的扩展按钮 ▾☰，在弹出的菜单中主要包含了新建、复制、删除图层的基本操作，以及图层属性、混合选项、创建剪贴蒙版和合并图层的高级应用功能。

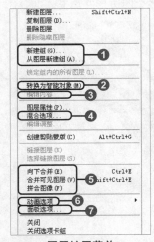

图层扩展菜单

❶ **新建组 / 从图层新建组**：定义新建组的方式，其中"从图层新建组"将选定的图层移动到新建图层组中。

❷ **转换为智能对象**：将选定图层转换为智能对象图层。

❸ **编辑内容**：编辑智能对象中的内容。

❹ **混合选项**：弹出"图层样式"对话框的"混合选项"面板。

❺ **设置图层的合并方式**，其中"向下合并"将选定的图层与位于下面的图层进行合并；"合并可见图层"将所有非隐藏的图层合并；"拼合图像"合并所有的图像。

❻ **动画选项**：显示或隐藏图层面板中的动画选项。

❼ **面板选项**：打开"图层面板选项"对话框。

Photoshop CS4 从入门到精通（创意案例版）

任务实现（操作步骤）

STEP 01
新建文档

执行"文件>新建"命令，在弹出的"新建"对话框中新建一个10厘米×14.1厘米的文件，单击"确定"按钮。

STEP 02
渐变填充

单击渐变工具，在选项栏中单击"径向渐变"按钮，在"渐变编辑器"中设置色标为蓝色（R78、G195、B227），蓝色（R104、G205、B233）和浅蓝色（R220、G241、B248），然后单击"确定"按钮，完成后在画面右上角向下进行径向渐变填充，最后新建"图层1"。

STEP 03
绘制四边形

单击多边形套索工具，绘制一个上小下大的四边形，然后设置前景色为白色，按快捷键Alt+Delete填充选区，完成后使用相同的方法，绘制多个四边形并填充。

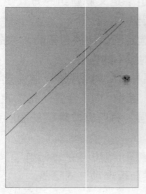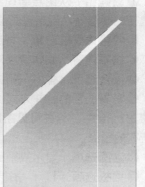

STEP 04
设置透明度

在"图层"面板中设置"不透明度"为40%，降低射线的透明度。

STEP 05
添加素材

执行"文件>打开"命令，打开本书配套光盘中第5章\01\media\101.png文件。然后单击移动工具 ，将素材拖移至当前操作的图像窗口中，得到"图层2"，完成后设置"不透明度"为80%，最后将云朵调整到画面的左下方。

STEP 06
复制图像

将"图层2"拖移至"创建新图层"按钮 处，复制一个"图层2副本"，然后将副本图像调整至画面右方，并按快捷键Ctrl+T适当调整云朵大小，按Enter键应用变换。完成后复制多个云朵并调整大小。

STEP 07
继续添加素材并
复制素材

执行"文件>打开"命令，打开本书配套光盘中第5章\01\media\102.psd文件，然后使用移动工具分别选择各种形态的花瓣并拖移至当前操作的图像窗口中，分别得到"图层3"、"图层4"、"图层5"，完成后适当调整花瓣的大小和位置。

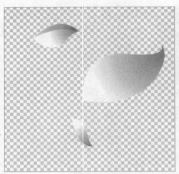  

STEP 08
复制花瓣图像

使用前面相同的方法，分别复制各种形态的花瓣，并根据画面的构图适当调整大小和位置，完成后再复制一些花瓣并进一步缩小，设置"不透明度"为50%，使画面更具层次感。

 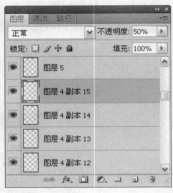 

STEP 09
继续添加素材

打开本书配套光盘中的第5章\01\media\103.png文件，然后将其添加到当前操作的图像窗口中，得到"图层6"，再将花纹调整到画面的左下方。

STEP 10
填充图像

单击"图层"面板中的"锁定透明像素"按钮，锁定"图层6"的透明像素，然后设置前景色为橙色（R255、G86、B40），完成后按快捷键Alt+Delete填充图像的像素。

STEP 11
复制纸飞机

打开本书配套光盘中的第5章\01\media\104.png文件, 然后将其添加到当前操作的图像窗口中, 再复制各种形态的纸飞机并调整大小和位置。

STEP 12
添加其他素材

使用前面相同的方法, 继续添加本身配套光盘中的其他素材, 锁定透明像素后重新填充颜色, 完成后为作品添加文字元素, 使画面丰富。至此, 完成本实例的制作。

Works 02　制作加深混合图像

 任务目标（实例概述）

本实例通过 Photoshop 中的图层混合模式、不透明度、变换命令等配合使用完成。在制作过程中，主要难点在于运用各种类型的图层混合模式叠加不同颜色、明度的图像，创建变化多样的混合效果。重点在于使用"图层"面板，设置混合模式的同时调整图层顺序。

光盘路径

原始文件
第 5 章 \02\media\107.jpg~109.jpg、110.png~112.png 等

最终文件
第 5 章 \02\complete\ 制作加深混合图像 .psd

 任务向导（知识精讲）

序　号	操作概要	知识点	知识水平
1	为作品添加素材底纹	组合型混合模式	中级
2	创建图像与背景的混合效果	加深型混合模式	中级
3	创建主体图像与背景的对比效果	减淡对比型混合模式	中级

　　绘图工具、"图层"面板、"应用图像"命令等都包含了混合模式。混合模式在不同的工具和命令中会有一些类型差别，但构成原理和主要的混合模式都相同。它表示两个图像、两个图层或两个通道之间的混合模式。图层的混合模式主要用于两个或多个图层之间的混合。

　　混合模式的概念包括基色、混合色和效果色。基色表示图像的基础色；混合色表示与基础色相混合的图像色；效果色表示混合后的效果色。图层混合模式根据混合效果大致分为组合型混合模式、加深型混合模式、减淡对比较型混合模式和色彩比较型混合模式。

1. 组合型混合模式

　　该类型的混合模式产生的混合效果为正常的不混合以及颗粒状，包括"正常"和"溶解"。

基色　　　　　混合色　　　　　正常　　　　　溶解

正常：默认状态下的混合模式，图像之间不产生混合效果。

溶解：基色和混合色混合后，效果色呈轻微颗的粒状。颜色对比度不明显的图像混合后溶解效果也不明显。

2. 加深型混合模式

该类型的混合模式主要对图像进行加深混合，增强图像的暗部区域。

变暗：基色或混合色中较暗的颜色作为效果色，暗于混合色的图像颜色保持不变，亮于混合色的图像颜色被替换。

正片叠底：基色和混合色混合后，效果色呈较暗的颜色。任何颜色和黑色混合产生黑色，和白色混合保持不变。

颜色加深：增强对比度，使基色变暗。和白色混合保持不变。

线性加深：减小图像亮度，使基色变暗，和白色混合保持不变。

深色：以混合色为主，混合色中较暗的区域与基色混合。当混合色为白色，基色无论什么颜色使用该模式都不产生效果。

| 变暗 | 正片叠底 | 颜色加深 | 线性加深 | 深色 |

3. 减淡对比型混合模式

该类型综合了减淡型和对比型混合模式的特点，其中"叠加"到"实色混合"之间的混合模式可以看做对比型混合模式，效果色中等于 50% 的灰色图像消失，暗于 50% 灰色的图像区域混合后变暗，亮于 50% 灰色的图像区域混合后变亮，图像整体的对比度加强。

叠加：效果色保留基色中的高光和暗调。

柔光：在保留基色高光和暗调的同时产生更精细的效果色。

强光：增强效果图像的对比度。

亮光：效果色变亮，图像的饱和度和对比度更高。类似于"颜色减淡"和"颜色加深"模式组合使用。

| 叠加 | 柔光 | 强光 | 亮光 | 线性光 | 点光 | 实色混合 |

线性光：效果色产生强烈的对比度，保留更多的白色和黑色图像区域，相当于"线性减淡"和"线性加深"模式的组合使用。

点光：可以根据效果色替换颜色，相当于"变亮"和"变暗"模式的组合使用。

实色混合：增加图像的饱和度，使效果图像参数类似于"色调分离"命令的效果。

 任务实现（操作步骤）

STEP 01
打开文档并设置图层混合模式

新建一个14.4厘米×10厘米的文件完成后打开本书配套光盘中第5章\02\media\107.jpg文件。将素材拖移至新建文件中得到"图层1"，按快捷键Ctrl+T调整画布大小，然后打开108.JPG文件，将其拖移至新建文件中得到"图层2"，完成后将"图层2"的图层混合模式设置为"柔光"。

 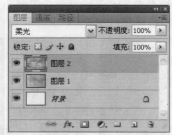

STEP 02
添加素材并设置图层混合模式

打开本书配套光盘中第5章\02\media\109.jpg文件，将其拖移至当前操作的图像窗口中，得到"图层3"，然后设置图层混合模式为"正片叠底"。

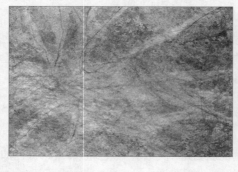 

STEP 03
设置图层的混合模式

打开第5章\02\media\110.png文件，将其拖移至当前操作的图像窗口中，得到"图层4"，设置图层混合模式为"正片叠底"。

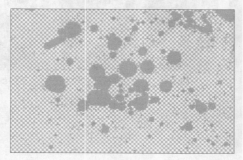 

STEP 04
设置混合模式并
调整大小和位置

将"图层4"拖移至"创建新图层"按钮 处,复制一个"图层4副本",然后设置该副本图层的混合模式为"叠加","不透明度"为80%,使墨点变亮,完成后按快捷键Ctrl+T,调整变亮墨点的大小和位置。

STEP 05
添加素材并设置
图层混合模式

打开第5章\02\media\111.png文件,将其拖移至当前操作的图像窗口中,得到"图层5",设置图层混合模式为"正片叠底","不透明度"80%。

STEP 06
添加图像并设置
混合模式

打开第5章\02\media\112.png文件,将其拖移至当前操作的图像窗口中,得到"图层6",设置图层混合模式为"明度",完成后使用前面相同的方法,将吉他调整到与人物剪影中吉他一致的位置。

STEP 07
选取图像并添加
到作品中

打开本书配套光盘中第5章\02\media\113.jpg文件,结合套索工具 和移动工具 的使用,沿人物勾选出选区后将图像拖移至当前操作的图像窗口中,得到"图层7",设置图层混合模式为"正片叠底",最后使用相同的方法,将114.jpg文件选取并添加到当前图像中,复制一个副本。

STEP 08
**添加素材并设置
混合模式**

分别打开本书配套光盘中第5章\02\media\115.png和116.jpg文件，拖移至当前操作
的图像窗口中，得到"图层9"和"图层10"，然后分别设置图层的混合模式为"正片叠
底"和"强光"，完成后适当调整图像的大小和位置。

STEP 09
**添加素材并复制
副本**

打开本书配套光盘中第5章\02\media\117.png文件，将其添加到当前操作的图像窗口
中，得到"图层11"，然后设置图层的混合模式为"变暗"，"不透明度"为50%，完成
后复制一个副本并执行"编辑>变换>水平翻转"命令，将副本图像翻转后以画面中
心为基准调整位置。

STEP 10
**添加素材并调整
画面**

最后为作品添加本书配套光盘中的其他素材，根据画面效果调整各图像的大小和位
置，注意保持图像之间的整体性。

Works 03 制作叠加混合图像

 任务目标（实例概述）

本实例通过 Photoshop 中的混合模式、不透明度、图层样式等配合使用制作完成。在制作过程中，主要难点在于结合图层蒙版制作基本的蒙版效果。重点在于针对不同图像的颜色运用各种混合模式制作混合效果。

 光盘路径

原始文件
第 5 章 \03\media\120.jpg、121.png、123.png、124.psd 等

最终文件
第 5 章 \03\complete\ 制作叠加混合图像 .psd

 任务向导（知识精讲）

序 号	操作概要	知识点	知识水平
1	制作鞋子的渐变叠加和投影效果	减淡对比型混合模式	中级
2	制作灰度效果的花朵	色彩比较型混合模式	中级

1. 减淡对比型混合模式

前面已经介绍了该类型中的对比型混合模式，这里主要介绍减淡型混合模式的特点，包括"变亮"到"浅色"之间的混合模式。该类相对应的是"加深型混合模式"。

基色

混合色

变亮：基色或混合色较亮颜色作为混合后的效果色，暗于混合色的图像颜色被替换。

滤色：将基色和混合色的补色进行混合，效果色较亮，和黑色混合不变，和白色混合产生白色。

颜色减淡：减弱对比度，基色变亮，和黑色混合颜色保持不变。

线性减淡（添加）：增强亮度，基色变亮，和黑色混合颜色保持不变。

浅色：以混合色为主，选择亮度比较高的颜色与基色混合。混合色为白色，基色无论是什么颜色使用该模式时，效果图中将不会产生混合的现象。混合色为黑色，效果中产生混合。

| 变亮 | 滤色 | 颜色减淡 | 线性减淡（添加） | 浅色 |

2. 色彩比较型混合模式

该类型包括了色彩型和比较型混合模式，其中色彩型混合模式包括"差值"和"排除"，通过比较基色和混合色，在效果色中将相同的区域显示为黑色，不同的图像区域以灰度或彩色图像显示。

差值：混合色中的白色图像区域与基色混合，效果色产生反相的效果，而黑色图像区域则与基色接近。

排除：相比于"差值"模式产生更加柔化的效果。

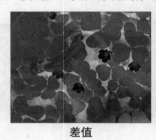
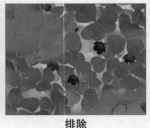

| 差值 | 排除 |

比较型混合模式包括"色相"到"明度"之间的混合模式，根据色彩的三要素——色相、饱和度、明度，将其中的一种或两种应用在效果中。

色相：应用在修改色彩图像的颜色，主要是将混合色图像的基本颜色应用在基色图像中，并且保持基色的亮度和饱和度。

饱和度：将混合色图像的饱和度应用到基色图像中，保持基色图像的亮度和色相，并且可以使效果色中的某些区域变为黑色或白色。

| 色相 | 饱和度 |

颜色：将混合色图像的色相和饱和度应用到基色图像中，效果色保持基色图像的亮度。

亮度：将混合色图像的亮度应用到基色图像中，并且效果色保持基色图像的色相和饱和度。

| 颜色 | 亮度 |

任务实现（操作步骤）

STEP 01
新建文档并打开文档

新建一个14厘米×10厘米的文件，完成后单击"确定"按钮。然后执行"文件>打开"命令，打开本书配套光盘中第5章\04\media\120.jpg文件。

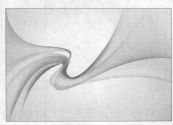

STEP 02
复制副本并设置混合模式

将素材拖移中新建文件中，得到"图层1"，然后按快捷键Ctrl+J复制一个"图层1副本"，完成后按快捷键Ctrl+T适当旋转副本图像，确定后设置图层混合模式为"变暗"。

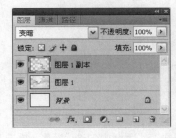
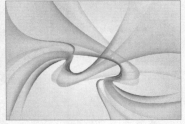

STEP 03
擦除图像

单击橡皮擦工具，在选项栏的"画笔预设"选取器中设置画笔为"喷枪柔边圆300"，完成后选择"图层1"并擦除四周的图像。

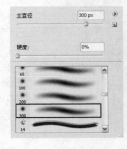

STEP 04
添加素材

使用相同方法，擦除副本图像中四周的图像，使其边缘自然过渡，完成后打开本书配套光盘中第5章\04\media\121.png文件，将其拖移至当前操作的图像窗口中，得到"图层2"。

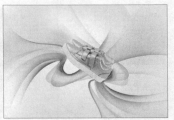

STEP 05

复制副本并设置混合模式

复制"图层2副本"，调整到"图层2"下面，对副本图像执行"编辑>变换>水平翻转"命令，再复制为"图层2副本2"，设置图层混合模式为"变暗"，调整为置顶层。

STEP 06

填充选区并设置混合模式

单击"创建新图层"按钮 ，新建"图层3"，然后按住Shift+Ctrl键的同时依次单击"图层2"及其副本的图层缩览图，载入图像选区，然后填充选区为灰色（R127、G127、B127），完成后设置混合模式为"强光"，填充的图像混合后呈透明状态。

STEP 07

添加"投影"图层样式

双击"图层3"，在弹出的"图层样式"对话框中勾选"投影"复选框，然后在右方的面板中设置各项参数，观察预览效果。

STEP 08

添加"渐变叠加"图层样式

勾选"渐变叠加"复选框，设置"混合模式"为"叠加"，"渐变"色标为黄色（R244、G219、B76）和绿色（R210、G255、B226），"样式"为"径向"，单击"确定"按钮。

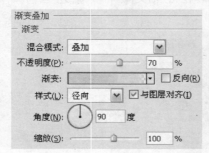

STEP 09
添加图层蒙版

打开本书配套光盘中第5章\04\media\122.png文件，将其添加到作品中，得到"图层4"，然后单击"添加图层蒙版"按钮，添加图层蒙版。

STEP 10
渐变填充彩虹的
图层蒙版

单击渐变工具，在选项栏中单击"径向渐变"按钮，设置"渐变预设"为黑色到白色，然后在彩虹左下角进行渐变填充，隐藏部分图像。

STEP 11
复制副本并设置
混合模式

复制一个彩虹，适当调整大小和位置，然后单击"线性渐变"按钮，重新在图层蒙版中进行填充，完成后设置图层混合模式为"变暗"。

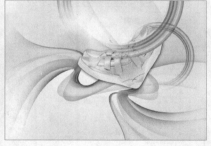

STEP 12
调整图层顺序

使用相同的方法复制一个"图层4副本2"，重新填充图层蒙版后设置混合模式为"正片叠底"，完成后将其他彩虹所在的图层调整到鞋子图层下面。

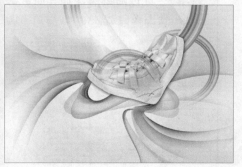

STEP 13
设置混合模式

打开本书配套光盘中第5章\04\media\123.png文件，将其添加到作品中，得到"图层5"，设置图层混合模式为"明度"，完成后将图层调整到鞋子图层的下面。

STEP 14
添加素材

复制多个花朵的副本，调整花朵的大小和位置，完成后打开光盘中第5章\04\media\124.psd文件，将其添加到作品中，得到"图层6"，然后将花纹调整到鞋子上方。

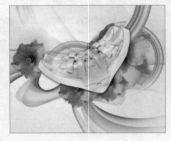
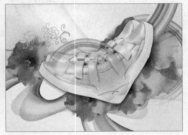

STEP 15
径向渐变填充花
卉图像

单击"锁定透明像素"按钮，锁定花纹的透明像素，然后单击渐变工具，在选项栏中的"渐变编辑器"中设置色标为绿色（R126、G162、B89）和黑色（R4、G7、B1），完成后对花纹进行径向渐变的填充。

STEP 16
添加其他素材

使用相同方法，将本书配套光盘中的其他花纹素材添加到作品中，根据画面效果进行填充，完成后继续添加其他素材，使用橡皮擦工具或图层蒙版，擦除或隐藏部分图像，使图像自然融合，最后适当调整素材图像的大小和位置，完成作品的制作。

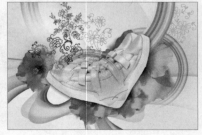

Works 04 制作可爱风格界面

任务目标（实例概述）

本实例通过 Photoshop 中的填充、图层样式等配合使用制作完成。在制作过程中，主要难点在于充分理解各项图层样式的构成原理、选项作用以及它们达到的效果。重点在于灵活运用各种图层样式为图像添加质感强烈的样式，以及掌握缩放效果、载入等相关命令。

光盘路径	原始文件
	第 5 章 \04\media\ 133.jpg、134.png~137.png、01 图案 .pat 等
	最终文件
	第 5 章 \04\complete\ 制作可爱风格界面 .psd

任务向导（知识精讲）

序 号	操作概要	知识点	知识水平
1	为各图像添加图层样式	"图层样式"对话框	高级
2	缩放五角星的图层效果	图层样式的运用	高级

1."图层样式"对话框

图层样式用于创建图层中图像的样式特效，最多可由 12 种不同的样式组成，其中"样式"选项载入了 Photoshop 提供的样式，并通过快捷菜单复位、载入、存储样式等相关操作；"混合选项"控制图层样式效果如何与图层中的图像相互影响，以及图层如何与其他图层相互影响。

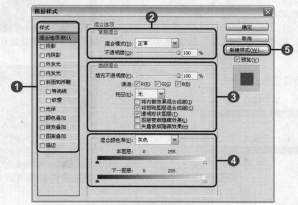

"图层样式"对话框

❶**样式**：勾选样式为图像应用图层样式，单击样式名称切换到相应的选项面板。

❷**常规选项**：包含"混合模式"和"不透明度"选项，与图层面板中的混合模式效果相同。设置不同的混合模式同样会影响图层混合模式的变化。

❸**高级混合**："填充不透明度"分别对通道的 R、G、B 进行填充，降低参数值可以看到下面的图层；"挖空"设置内部透明度为"深"或"浅"。勾选"将内部效果混合成组"和"将剪贴图层混合成组"复选框，原始图层的内容组成整个填充；只勾选"将内部效果混合成组"复选框，"叠加"、"内发光"、"光泽"效果都将被看成填充的一部分。

勾选"将内部效果混合成组"复选框，降低"填充不透明度"值　　　　不勾选"将内部效果混合成组"复选框，降低"填充不透明度"值

❹**混合颜色带**：拖动滑块控制当前图层的像素与下面图层的像素的色调范围。按住 Alt 键同时拖动黑色或白色滑块，也可以分开滑块，使颜色带产生柔和的过渡区域，使图层的像素之间相互混合而不是完全被替代。

原图　　　　　　　　　拖动"下一图层"的白色滑块　　　下一图层的亮面像素替代本图层

拖动"下一图层"的黑色滑块　　下一图层的暗面像素替代本图层

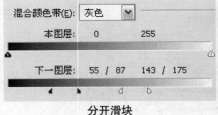 

分开滑块　　　　　　　图层的像素相互混合

❺**新建样式**：从当前设置的图层样式创建新的预设。

2. 图层样式的运用

为图层创建图层样式后,在该图层名称的右方会出现"指示图层效果"按钮,双击该按钮重新弹出"图层样式"对话框,可以对图层样式进行相关设置。

"图层样式"对话框

❶ **指示图层效果**:右击该按钮弹出图层样式的快捷菜单,可以进行图层样式运用的相关设置。
❷ **在面板中显示图层效果**:展开隐藏的图层样式列表,再次单击该按钮,列表重新被隐藏。
❸ **切换所有图层效果可视性**:隐藏所有图层样式。
❹ **切换单一图层效果可视性**:隐藏当前指定的图层样式,再次单击该按钮重新显示图层样式。
❺ **显示图层样式**,停用的样式显示为灰色未激活状态,可直接拖移至"删除图层"按钮处删除。

右击图层的"指示图层效果"按钮,弹出图层样式快捷菜单,包含了"停用图层样式"、"拷贝图层样式"、"粘贴图层样式"、"清除图层样式"、"隐藏所有效果"等图层样式运用的基本命令,同时显示当前添加的图层样式类型。此外包含了"创建图层"、"全局光"等重要的图层样式的编辑操作命令。

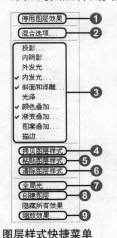

图层样式快捷菜单

❶ **停用图层效果**:暂时停用图层效果,但图层样式仍然存在。
❷ **混合选项**:打开"图层样式"中的"混合选项"面板。
❸ 以勾选的方式显示当前添加的图层样式。
❹ **拷贝图层样式**:复制当前图层的图层样式。
❺ **粘贴图层样式**:将拷贝的图层样式粘贴到当前图层。
❻ **清除图层样式**:删除当前图层的图层样式。
❼ **全局光**:设置图层样式效果的全局光,作用于整个图层的图层样式。
❽ **创建图层**:将每个图层样式分别创建为该图层的剪贴蒙版。
❾ **缩放效果**:对图层样式效果整体进行缩放。

根据"图层样式"对话框中样式选项排列的顺序,上层样式的效果总是位于下层样式效果之上。执行"创建图层"命令分离样式,将每个图层样式创建为该图层的剪贴蒙版,可以观察到样式的层叠关系。

添加的图层样式

图层样式的效果

创建图层

创建图层后的效果

任务实现（操作步骤）

STEP 01
新建文档

执行"文件>新建"命令，在弹出的"新建"对话框中新建一个10厘米×14厘米的文件，完成后单击"确定"按钮。

STEP 02
渐变填充背景

单击渐变工具 ，再单击"线性渐变"按钮 ，在"渐变编辑器"中设置色标为玫瑰红（R233、G9、B156）和白色，完成后从画面左上方向下拖动，渐变填充"背景"图层。

 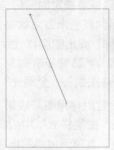 

STEP 03
添加素材图像

打开本书配套光盘中第5章\04\media\133.jpg文件，单击移动工具 ，将素材图像拖移至当前操作图像窗口中，得到"图层1"，适当调整图像位置。

  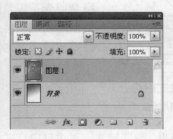

STEP 04
添加蒙版效果

单击"图层"面板中的"添加图层蒙版"按钮 ，为"图层1"添加一个图层蒙版，然后单击渐变工具 ，在选项栏中设置渐变预设为白色到黑色，完成后在图层蒙版中进行径向渐变的填充。

STEP 05
填充前景色

打开本书配套光盘中第5章\04\media\134.png文件，将其拖移至当前操作的图像窗口中，得到"图层2"，再单击魔棒工具 🔲，选取黑色图像部分，完成后填充玫瑰红（R238、G8、B162）。

STEP 06
添加"投影"图层样式

双击"图层2"，在弹出的"图层样式"对话框中勾选并单击"投影"复选框，然后在相应的选项面板中设置各项参数，注意取消"使用全局光"复选框，完成后单击"确定"按钮，为图像添加投影效果。

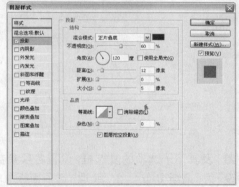

STEP 07
继续添加素材

打开本书配套光盘中第5章\04\media\135.png文件，然后将其拖移至当前操作的图像窗口中，得到"图层3"。

STEP 08
添加图层样式

双击"图层3"，在弹出的"图层样式"对话框中分别勾选"投影"和"外发光"复选框，然后在右侧面板中分别设置各项参数，其中在"投影"中设置颜色为玫瑰红（R255、G7、B122），在"外发光"中设置颜色为玫瑰红（R255、G115、B202）。

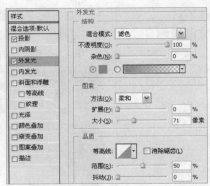

STEP 09

添加"内发光"图层样式

继续勾选"内发光"复选框，然后在右侧面板中设置各项参数，其中设置颜色为黄色（R255、G251、B129），然后单击"等高线"缩览图，在弹出的"等高线编辑器"的"预设"下拉列表中选择"半圆"，完成后单击该编辑器的"确定"按钮，回到"图层样式"对话框中。

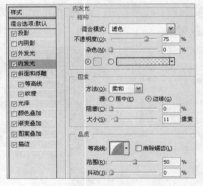

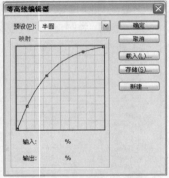

STEP 10

添加"斜面和浮雕"图层样式

分别勾选"斜面和浮雕"及其下子选项的复选框，设置各项参数，其中在"等高线"选项面板中设置"预设"为"高斯分布"，在"纹理"选项面板中单击"图案"缩览图，在弹出的列表中单击扩展按钮，然后在菜单中单击"载入图案"命令，载入本书配套光盘中的"01图案.pat"文件。

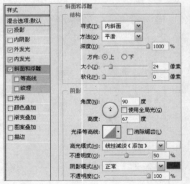

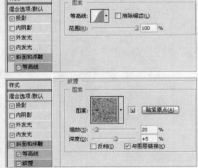

STEP 11

添加"渐变叠加"和"图案叠加"图层样式

继续勾选"渐变叠加"和"图案叠加"复选框，设置各项参数，其中在"渐变叠加"选项中设置"渐变"色标为玫瑰红（R255、G88、B145），在"图案叠加"选项面板中载入本书配套光盘中的"02图案.pat"文件。

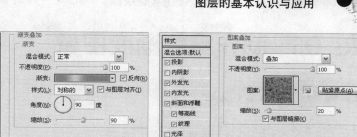

STEP 12
添加"描边"图层样式

最后勾选"描边"复选框,设置各项参数,注意观察预览效果,完成后单击"确定"按钮,为五角星添加立体的图层样式。

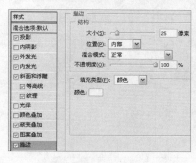

STEP 13
复制副本并缩放图层效果

按住Alt键同时拖动五角星,复制多个副本,然后按快捷键Ctrl+T分别调整副本图像的大小和位置。完成后选择其中一个较小的五角星,右击该图层的"指示图层效果"按钮 *fx.* ,在弹出的快捷菜单中单击"缩放效果"命令,然后在弹出的"缩放图层效果"对话框中设置"缩放"为80%,单击"确定"按钮。

STEP 14
添加其他元素

使用相同的方法,分别缩放其他小五角星的图层效果。完成后为作品添加一些图像和文字元素,使画面构图更加合理、完整。

Works 05　制作霓虹渐变图像

 任务目标（实例概述）

本实例通过 Photoshop 填充图层或调整图层、混合模式锁定透明像素、填充等命令的配合使用制作完成。在制作过程中，主要难点在于为图像的选区创建填充图层或调整图层。重点在于掌握填充图层或调整图层的设置以及图层蒙版的编辑。

光盘路径

原始文件
第 5 章 \05\media\138.png ～ 140.png，141.psd ～ 143.psd

最终文件
第 5 章 \05\complete\ 制作霓虹渐变图像 .psd

 任务向导（知识精讲）

序　号	操作概要	知识点	知识水平
1	为头发添加渐变的填充图层	填充图层或调整图层	高级

填充图层或调整图层

填充图层或调整图层是用于调整图像的图层，在调整的同时不影响到原图像。为图像创建填充图层或调整图层，最常用的方法是单击"图层"面板中的"创建新的填充或调整图层"按钮 ⬤，，在弹出的菜单中选择需要创建的填充图层或调整图层。其中填充图层包括纯色、渐变和图案，操作和常用的填充命令相同；菜单中其余命令为调整图层，对话框设置和"图像 > 调整"命令中的相应命令相同。

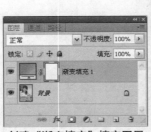

快捷菜单　　　　创建"渐变填充"填充图层　　　　原图像　　　　渐变填充后的图像

通过双击填充图层或调整图层的图层缩览图，可以重新对弹出的对话框进行设置，这是填充或调整图层的一大优点。同时，通过链接的图层蒙版，可以指定图像中的哪些区域显示填充或调整效果，以及哪些区域隐藏填充或调整的效果。

图层的基本认识与应用

调整"渐变填充"填充图层　　　编辑图层蒙版　　　图层蒙版的效果

　　填充图层或调整图层作为相对独立的图层，具有图层的基本属性，因此可以将该图层以图层混合模式、不透明度、填充的方式与被调整图层进行混合，得到丰富的填充或调整效果。

设置混合模式　　　混合模式的效果　　　设置不透明度　　　不透明度的效果

　　位于填充或调整图层以下的所有图层，只要在图层蒙版的范围内都将被填充或调整，因此得到的效果和直接对图像执行填充或调整命令得到的效果有所不同。

调整图层位于置顶层　　　调整的效果　　　对人物执行"色相／饱和度"命令

　　填充或调整图层结合"转换为智能对象"命令的运用，可以将调整的对象转换为独立的智能对象，与其他图层有效地区分开来，使填充和调整效果只作用于指定的对象。编辑智能对象时，双击智能图层缩览图，完成编辑后直接关闭智能对象，回到原来的图像操作中。

转换为智能对象　　　智能对象的图层　　　编辑智能对象

 任务实现（操作步骤）

STEP 01

新建文档并填充背景

执行"文件>新建"命令，在弹出的"新建"对话框中新建一个16厘米×10厘米的文件，单击"确定"按钮，完成后设置前景色为橙色（R255、G128、B1），按快捷键Alt+Delete填充"背景"图层。

STEP 02

添加素材

执行"文件>打开"命令，打开本书配套光盘中第5章\05\media\138.png文件，然后单击移动工具，将素材图像拖移至当前操作的图像窗口中，得到"图层1"，完成后适当调整图像位置。

STEP 03

创建渐变的填充图层

按住Ctrl键同时单击"图层1"的图层缩览图，载入图像选区，然后单击"创建新的填充或调整图层"按钮，在弹出的快捷菜单中单击"渐变填充"命令，弹出"渐变填充"对话框后设置各项参数，其中在"渐变编辑器"中设置色标为蓝色（R33、G170、B206）和绿色（R183、G224、B68），完成后单击"确定"按钮。

STEP 04

设置图层的混合模式

设置"渐变填充1"填充图层的混合模式为"颜色"，将渐变颜色叠加到"图层1"上。

STEP 05

绘制图层蒙版

单击画笔工具 ✏，在选项栏的"画笔预设"选取器中设置画笔为"喷枪柔边圆200"，然后使用黑色在填充图层的图层蒙版中进行绘制。

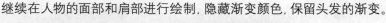

STEP 06

继续绘制图层蒙版效果

继续在人物的面部和肩部进行绘制，隐藏渐变颜色，保留头发的渐变。

STEP 07

载入选区并填充

单击"创建新图层"按钮 ▣，新建"图层2"并将其调整到"图层1"下面，然后按住Ctrl键的同时载入"图层1"的图像选区，然后执行"选择>变换选区"命令，适当放大选区，按下Enter键确定，完成后设置前景色为橙色（R255、G107、B1），按快捷键Alt+Delete填充选区。

STEP 08

锁定透明像素并填充

执行"文件>打开"命令，打开本书配套光盘中第5章\05\media\141.psd文件，然后将"图层1"的图像拖移至当前操作的图像窗口中，完成后单击"锁定透明像素"按钮 ▣，再填充蓝色（R5、G184、B245）。

STEP 09

径向渐变填充

使用相同的方法，将141.psd文件的"图层2"添加到作品中，得到"图层4"，锁定透明像素后单击渐变工具 ▣，然后在"渐变编辑器"中设置色标为紫色（R209、G27、B149），蓝色（R73、G138、B255），蓝色（R5、G184、B245），灰色（R221、G218、B218），进行径向渐变填充。

STEP 10
添加素材并填充

使用相同的方法，添加其他图层的图像到作品中，锁定透明像素后进行填充或渐变填充，可以结合多边形套索工具 ，选取部分图像进行选区的填充，完成后打开本书配套光盘中第5章\05\media\142.psd文件。

STEP 11
创建新组

使用相同的方法，将各个图层的图像添加到作品中，根据画面的色调重新填充各种颜色，完成后单击"创建新组"按钮 ，创建"组1"，然后将"图层1"和"图层2"之间的素材图层拖移至该组中。

STEP 12
添加其他素材

继续添加本书配套光盘中的logo、纹理等素材，完成后将"图层2"的图层混合模式修改为"滤色"，使剪影效果更加明显，完成作品的制作。

Works 06　制作海报人物效果

 任务目标（实例概述）

本实例通过 Photoshop 中的黑白命令、曲线命令、钢笔工具、图层混合模式等功能的配合使用制作完成。在制作过程中，主要难点在于利用图层的混合模式为人物面部上妆。为人物头发、皮草等进行着色。重点在于使用钢笔工具对人物睫毛的勾画等细节方面的处理，及使用各种调整图层对画面色调等进行调整。

光盘路径

原始文件
第 5 章 \06\media\ 人物 .jpg

最终文件
第 5 章 \05\complete\ 制作海报人物效果 .psd

 任务向导（知识精讲）

序　号	操作概要	知识点	知识水平
1	为图像建立选区添加颜色	羽化	中级

羽化

在 Photoshop 中"羽化"是针对选区的一项编辑命令。羽化是令选区内外衔接的部分虚化，起到渐变作用从而达到自然衔接的效果，此命令在设计作图的使用中很广泛。

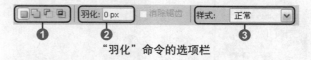

"羽化"命令的选项栏

①新选区按钮：选择该按钮在图层上建立选区时，可将光标放在选区内对选区进行移动，同时在选区外继续建立选区时，之前的选区将消失，建立新选区。

添加到选区按钮：选择该按钮在图层上可建立多个选区，选区呈相加状态。

从选区减去按钮：选择该按钮在图层上创建多个选区，最后选区为原选区减去叠加部分的选区。

与选区交叉：选择该按钮在图层上创建多个选区，最终选区即为选区重叠部分。

  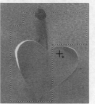

新选区状态下　　　　　　　　添加到选区状态下

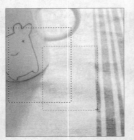
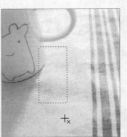

从选区减去状态下　　　　　　　　　　　与选区交叉状态下

❷ **羽化值**：羽化值设置越大，虚化范围越宽，即颜色递变越柔和；羽化值设置越小，虚化范围越窄。可根据实际情况进行调节，把羽化值设置小一点，反复羽化是羽化的一个技巧。

羽化值为 0 像素　　　　羽化值为 10 像素　　　　羽化值为 20 像素　　　　羽化值为 50 像素

❸ **样式**："样式"选项中分为"正常"、"固定比例"和"固定大小"。

样式：	正常	▼	宽度：	⇄	高度：
样式：	固定比例	▼	宽度：1	⇄	高度：1
样式：	固定大小	▼	宽度：300 px	⇄	高度：300 px

当选择"正常"选项时，可在图层上建立任意大小的选区。
当选择"固定比例"选项时，在图层上拖动建立固定比例大小的选区，比例可在项目栏上自行设定。
当选择"固定大小"选项时，在图层上单击建立固定大小的选区，大小可在项目栏上自行设定。

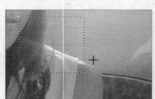
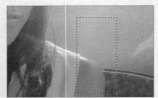

"正常"选项状态下

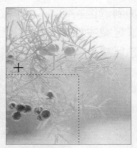

"固定比例"选项状态下　　　　　　　　　"固定大小"选项状态下

 任务实现（操作步骤）

STEP 01
打开人物图像

打开本书配套光盘中的第5章\06\media\人物.jpg文件，在"图层"面板中自动生成"背景"图层。

STEP 02
调整图像为黑白

单击"图层"面板下方的"创建新的填充或调整图层"按钮 ，在"图层"面板中创建"黑白"调整图层，在弹出的"黑白"对话框中设置"黑白"为"高对比度红色滤镜"，将图片调整成为黑白状态。

STEP 03
添加唇彩

新建"图层1"，单击多边形套索工具 ，在人物唇部建立选区并对选区进行羽化，羽化半径为20像素，填充选区颜色为紫红色（R200、G13、B110），设置图层的混合模式为"颜色加深"，"填充"为70%。

STEP 04
添加腮红

新建"图层2"，单击多边形套索工具，在人物的两颊处建立选区，对选区进行羽化，设置羽化半径为100像素，填充选区颜色为浅红色（R248、G127、B164），设置图层的混合模式为"线性加深"，"不透明度"为60%。

STEP 05
添加蓝色眼影

新建"图层3"，单击多边形套索工具，在人物的眼眶处建立选区并对选区进行羽化，羽化半径为100像素，填充选区颜色为浅蓝色（R65、G210、B250）。设置图层的混合模式为"叠加"，"不透明度"与"填充"为40%。为图层3添加图层蒙版，并使用黑色柔角画笔在蒙版上的眼睛位置涂抹，使眼影的颜色不作用于眼睛。

STEP 06
添加人物头发颜色

新建"图层4"，单击多边形套索工具，在人物的头发处建立选区，对选区进行羽化，设置羽化半径为60像素，填充选区颜色为紫红色（R251、G46、B147），设置图层的混合模式为"颜色"。

STEP 07
添加发饰的颜色

新建"图层5"，单击多边形套索工具，在人物头饰上建立选区，对选区进行羽化，羽化半径为50像素，填充选区颜色为蓝绿色（R6、G255、B1198），设置图层的混合模式为"线性加深"。

STEP 08
勾画眼睫毛

新建"图层6",单击钢笔工具 ，在人物右眼的眼睫毛处勾画出长睫毛的形状,然后继续在左眼处勾画。

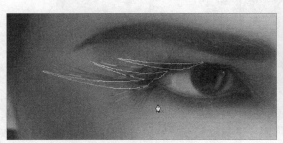 

STEP 09
填充颜色

按快捷键Ctrl+Enter将闭合路径转换为选区,填充选区颜色为蓝色 (R58、G165、B172),并设置图层的混合模式为"颜色减淡",给人物添加魅惑的长睫毛。

STEP 10
给皮草添加颜色

新建"图层7",在皮草处建立选区并设置羽化半径为60像素,填充选区颜色为绿色 (R5、G195、B151),设置图层混合模式为"线性加深"。

STEP 11
更改画面色相与
饱和度

在"图层"面板上创建"色相/饱和度"调整图层，并设置参数，可以对画面的整体色调进行进一步调整，使画面颜色达到艳丽的色彩效果。

STEP 12
加深背景

继续在"图层"面板中创建"曲线"调整图层，降低画面的亮度，同时在调整图层的图层蒙版上用黑色柔角画笔在人物处涂抹，隐藏人物变暗的效果，使画面更有层次感。至此，完成本实例的制作。

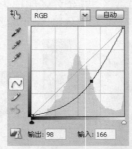

文字的编辑和特效制作

文字在设计中主要起辅助图形元素的作用，是一种必不可少的设计元素。而特效艺术文字能弥补平面文字的枯燥性，同时能为作品增色不少。本章主要结合各种文字工具的特点，制作各种类型的设计作品，重点需要掌握"字符"和"段落"面板的运用。此外，通过特效文字的制作，对综合运用 Photoshop 的功能有很大的帮助。

本章案例	知识点
Works 01 制作海报风格文字	文字工具、"字符"面板
Works 02 制作斑驳效果文字	"段落"面板、栅格化文字
Works 03 制作可爱效果的变形文字	文字工具选项栏、变形文字
Works 04 制作路径效果的文字	在路径中输入文字
Works 05 制作水晶质感文字	将文字转换为工作路径、拷贝和粘贴图层样式、缩放图层效果

Works 01 制作海报风格文字

 任务目标（实例概述）

　　本实例通过 Photoshop 中的横排文字工具、"字符"面板等配合使用制作完成。在制作过程中，主要难点在于结合文字工具和复制、轻移命令，制作文字的立体效果。重点在于灵活运用"字符"面板调整文字的字体、大小、间距等。

光盘路径
| 原始文件 |
| 第 6 章 \01\media\144.png~148.png |
| 最终文件 |
| 第 6 章 \01\complete\ 制作海报风格文字 .psd |

 任务向导（知识精讲）

序　号	操作概要	知识点	知识水平
1	创建主体文字	文字工具	中级
2	调整文字的大小和间距等	"字符"面板	中级

1. 文字工具

　　文字工具用于在图像中输入横排、直排或创建蒙版形式的文字。文字工具主要包括横排文字工具 T、直排文字工具 IT、横排文字蒙板工具 T、直排文字蒙板工具 IT。

　　横排文字工具 T 是最为常用的文字工具，用于输入横排走向的文字。直排文字工具 IT 用于输入直排走向的文字。单击显示输入光标后输入文字，或者在画面中拖出文本框，在光标处输入文字。输入的文字将自动建立文字图层。

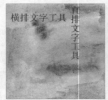

输入横排文字和直排文字　　拖出文本框　　输入的文字限制在文本框内

　　横排文字蒙版工具 T 和直排文字蒙板工具 IT 用于输入快速蒙版形式的文字选区。横排文字蒙板工具 T 创建快速蒙版的形式横排文字，当切换到其他工具结束文字输入后，文字转换为选区。

直排文字蒙版工具  主要以快速蒙版的形式输入直排文字，当切换到其他工具结束文字输入后，文字转换为选区。与其他文字工具的区别是，文字蒙版工具只建立文字选区而不建立文字图层。

创建横排文字蒙版

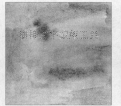
退出文字蒙版建立选区

创建直排文字蒙版

2."字符"面板

设置文字的各项属性，通过单击选项栏右方的"切换字符和段落面板"按钮 ，弹出"字符和段落"面板中的"字符"面板。通过在各选项的文本框中输入参数值，使参数值产生变化。

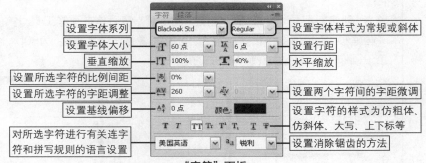
"字符"面板

垂直缩放和水平缩放为 100%　比例间距为 100%　字距调整为 -100

两个字距间的字距微调　　基线偏移　　全部大写字母

"字符"面板的快捷菜单包括了面板的主要功能，可以对文字的字体、大写以及文字间距、行距等详细的设置。单击"字符"面板右上角的扩展按钮，弹出菜单。

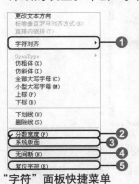
"字符"面板快捷菜单

❶ **字符对齐**：设置字符对齐的方式，包括罗马基线、全角字框以及表意字框。

❷ **分数宽度**：调整文字之间的间距。

❸ **系统版面**：以系统的操作文字版面来显示。

❹ **无间断**：防止文字出现错误的间断。

❺ **复位字符**：将字符恢复为默认设置。

任务实现（操作步骤）

STEP 01
新建文档

执行"文件>新建"命令，在弹出的"新建"对话框中新建一个10.2厘米×15厘米的文件，单击"确定"按钮。

STEP 02
绘制边框

单击"创建新图层"按钮 ，新建"图层1"，然后单击画笔工具 ，在选项栏中的"画笔预设"选取器中设置画笔为"粉笔23像素"，"主直径"为60px，完成后使用黑色沿画布的边缘随意绘制出斑驳的效果。

STEP 03
添加素材

执行"文件>打开"命令，打开本书配套光盘中第6章\01\media\144.png文件，然后单击移动工具 ，将鞋子拖移至当前操作的图像窗口主，得到"图层2"，完成后调整到画面中心位置。

STEP 04
平滑选区

在"图层2"下面新建"图层3"，按住Ctrl键的同时单击"图层2"的图层缩览图，载入图像选区，执行"选择>修改>平滑"命令，在弹出的"平滑选区"对话框中设置"取样半径"为2像素，单击"确定"按钮，对选区进行平滑处理。

STEP 05
对选区描边

执行"编辑>描边"命令,在弹出的"描边"对话框中设置"宽度"为15px,"颜色"为紫色(R72、G2、B101),"位置"为"居中",完成后单击"确定"按钮,对选区描边,然后按快捷键Ctrl+D取消选择。

STEP 06
输入文字

单击横排文字工具 T ,然后在选项栏中单击"切换字符和段落调板"按钮 ,在弹出的"字符"面板中设置各项字符参数,完成后在画面中输入文字seal,单击其他图层,"图层"面板中自动生成文字图层。

STEP 07
旋转文字并轻移
复制的副本文字

将文字图层调整到鞋子图层上面,然后按快捷键Ctrl+T弹出自由变换编辑框,在选项栏的"旋转"文本框中输入9°,按Enter键应用变换。按Alt键的同时按键盘中的向右方向键,复制一个文字并向右轻移,最后单独按向下方向键,再将副本文字向下轻移。

STEP 08
合并副本图层

使用前面相同的方法，分别复制并向右和向下轻移文字，制作文字的立体效果，完成后按住Shift键的同时在"图层"面板中全选所有文字副本，然后按快捷键Ctrl+E合并图层，副本文字图层转换为普通图层。

STEP 09
线性渐变填充副本图层

单击"锁定透明像素"按钮，锁定文字副本的透明像素，然后单击渐变工具，在"渐变编辑器"中设置色标为紫色（R95、G3、B99）和紫色（R208、G0、B131），最后单击"确定"按钮，进行线性渐变填充。

STEP 10
继续添加素材

打开本书配套光盘中第6章\01\media\147.png文件，使用移动工具将其添加到作品中，得到"图层4"，完成后将花纹调整到文字上，使其完全覆盖文字。

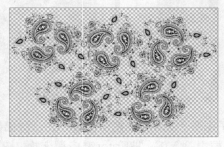

STEP 11
创建剪切蒙版

按住Alt键同时在"图层"面板的文字图层和"图层4"之间单击，创建剪切蒙版，使花纹根据文字轮廓进行剪切，然后设置文字图层的图层混合模式为"滤色"。

STEP 12
填充背景图层

设置前景色为黄色（R248、G220、B0），然后选择"背景"图层并进行填充，完成后在文字副本图层下面新建"图层5"，再按快捷键Shift+Ctrl键的同时载入文字及其副本的图像选区。

STEP 13
对选区描边

执行"编辑>描边"命令，在"描边"对话框中设置各项参数，其中设置"位置"为"居外"，然后单击"确定"按钮，对文字选区描边，完成后按快捷键Ctrl+D取消选择。

STEP 14
继续添加素材

打开本书配套光盘中第6章\01\media\145.png文件，然后将其添加到作品中并重新填充为黑色，按键盘中的方向键将图像调整到画面中心。

STEP 15
创建路径

单击钢笔工具，在飘带的左方拖动，创建锚点，然后在另一端继续拖动鼠标，建立第二个锚点，完成后单击横排文字工具，在第一个锚点处单击，出现路径文字的输入光标。

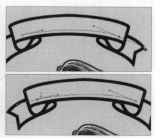

STEP 16
输入路径文字

在"字符"面板中设置各项参数，然后沿路径输入文字，完成后单击选项栏中的"提交当前所有编辑"按钮✔，完成文字的输入。

STEP 17
添加其他素材

使用相同的方法，在画面中输入其他字体系列的文字，注意调整文字的字体大小，最后继续为作品添加一些图像元素，完成作品的制作。

Works 02　制作斑驳效果文字

 任务目标（实例概述）

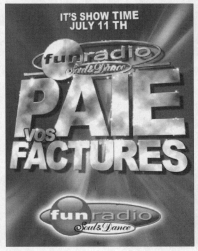

本实例通过 Photoshop 中的横排文字工具、横排文字蒙版工具、"段落"面板等配合使用制作完成。在制作过程中，主要难点在于运用各种文字和"段落"面板编辑文字。重点在于掌握文字的栅格化功能，将文字图层转换为普通图层。

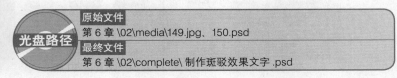

光盘路径

原始文件
第 6 章 \02\media\149.jpg、150.psd

最终文件
第 6 章 \02\complete\ 制作斑驳效果文字 .psd

 任务向导（知识精讲）

序　号	操作概要	知识点	知识水平
1	创建主体文字并设置段落样式	"段落"面板	中级
2	栅格化文字并结合选框工具等进行编辑	栅格化文字	中级

1."段落"面板

"段落"面板和"字符"面板组合为文字工具的面板，主要用于设置文本的对齐方式和缩进方式等。单击"段落"的面板标签，切换到"段落"面板。

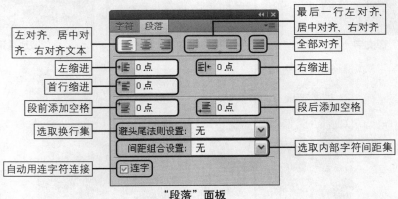

"段落"面板

要建立文本段落，通常先创建文本框，结合"段落"面板的运用，对文本框中的指定段落进行各选项的设置。拖动段落文本框，文字将根据文本框的变化而变换排列。

输入段落文字

左缩进 50 点

右缩进 50 点

首行缩进 50 点

段前添加空格 50 点

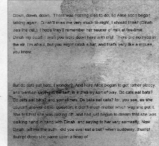

段前添加空格 50 点

2. 栅格化文字

文字不能直接添加滤镜或者使用选框工具、绘图工具等编辑图像的工具，必须将文字栅格化为图像，使文字图层转换为普通图层。执行"图层 > 栅格化 > 文字"命令，对文字栅格化。此外，"栅格化"命令还可以栅格化形状、填充内容、矢量蒙版、智能对象、图层等。

原文字

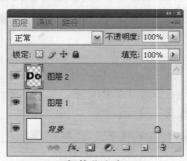

栅格化文字

添加滤镜

使用选框工具

使用填充工具

任务实现（操作步骤）

STEP 01
新建文档并输入文字

新建一个11厘米×14.8厘米的文件，单击横排文字工具 T，在"字符"面板中的"设置字体系列"的下拉列表中选择Arial Balck，然后在画面中输入文字。

STEP 02
设置选定文字

使用文字工具在前4个字母上拖动，使其呈高亮显示的被选择状态，然后在"字符"面板中设置各项参数，调整所选择文字的各项属性。

STEP 03
居中对齐文字

在"图层"面板中单击文字图层，选择该图层的所有文字，然后切换到"段落"面板，单击"居中对齐文本"按钮 ，居中对齐文字。

STEP 04
设置选定的文字

使用相同的方法，选择较小的文字并在"字符"面板中设置字体大小等。

Photoshop CS4从入门到精通（创意案例版）

STEP 05
栅格化文字

对文字图层执行"图层>栅格化>文字"命令，将文字图层栅格化为普通图层，继续使用横排文字工具输入字体较小的文字。

STEP 06
载入文字选区

按住Ctrl键同时单击文字图层缩览图，载入文字选区，执行"选择>修改>扩展"命令，在弹出的"扩展选区"对话框中设置"扩展量"为10像素，单击"确定"按钮，完成后选择栅格化图层并删除选区图像。

STEP 07
创建文字蒙版

新建"图层1"，然后单击椭圆选框工具，在文字左上方绘制一个正圆，然后填充为黑色，完成后单击横排文字蒙版工具，在正圆上单击出现输入光标后，进入文字蒙版编辑状态并输入文字。

STEP 08
删除选区图像

单击移动工具，退出文字蒙版并创建文字选区，然后按Delete键删除"图层1"中的文字选区图像，完成后继续绘制一个椭圆并删除选区图像。

184

STEP 09
对选区描边

保持选区,然后执行"编辑>描边"命令,在弹出的"描边"对话框中设置各项参数,单击"确定"按钮,对选区进行描边。

STEP 10
对选区描边并擦除多余图像

使用相同的方法,绘制一个较大的椭圆选区并描边,然后使用橡皮擦工具 擦除多余的图像,完成后继续输入其他字体文字,使用前面相同的方法,将文字栅格化并根据文字选区擦除多余的图像。

STEP 11
合并重命名图层

使用矩形选框工具 绘制两个矩形选框并填充,完成后全选除"背景"图层外的所有图层,按快捷键Ctrl+E合并图层,双击合并图层将其重命名为"主体文字"。

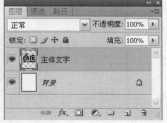

STEP 12
添加滤镜效果

单击"锁定透明像素"按钮 ,锁定图层的透明像素,然后在拾色器中分别设置前景色为深红色 (R28、G0、B0),背景色为白色,完成后执行"滤镜>渲染>分层云彩"命令,制作分层云彩效果。

STEP 13
调整图像色阶

按快捷键Ctrl+L在弹出的"色阶"对话框中设置各项参数,单击"确定"按钮,增强云彩效果的色阶对比度。

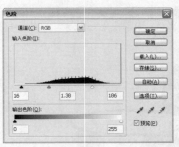

STEP 14
添加滤镜效果

执行"滤镜>艺术效果>干画笔"命令，在弹出的"干画笔"对话框中设置各项参数，然后单击"确定"按钮，为云彩添加艺术纹理效果。

STEP 15
自由变换并添加图层样式

按快捷键Ctrl＋T弹出自由变换编辑框，然后按住Ctrl键的同时分别拖动各个编辑锚点，进行透视变换，完成后双击该图层，在弹出的"图层样式"对话框中分别添加"投影"和"描边"样式。

STEP 16
添加其他素材

继续添加"斜面和浮雕"图层样式，其中设置"样式"为"描边浮雕"，单击"确定"按钮，完成后打开本书配套光盘第6章\02\media中的素材文件，将其分别添加到作品中，最后再添加一些文字，完成作品的制作。

Works 03 制作可爱效果的变形文字

 任务目标（实例概述）

本实例运用 Photoshop 中的文字工具、创建文字变形、图层样式等功能配合使用完成。在制作过程中，主要难点在于使用文字变形命令对文字进行基本变形，给文字制作白色的底层效果。重点在于灵活运用图层样式给文字进行图案叠加。

光盘路径

原始文件
第 6 章 \03\media\ 背景 .jpg 等

最终文件
第 6 章 \02\complete\ 制作可爱效果的变形文字 .psd

 任务向导（知识精讲）

序　号	操作概要	知识点	知识水平
1	输入文字	文字工具选项栏	中级
2	对文字图像变形	变形文字	中级

1. 文字工具选项栏

要设置文本的格式，可以在输入文字前首先在文字工具选项栏中设置各项参数，也可以在输入文字后用文字工具选定文字，然后在工具选项栏中设置。各种文字工具的选项栏相同。

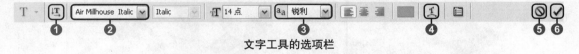

文字工具的选项栏

❶ **更改文本方向** ：单击该按钮在横排输入和直排输入之间切换。

❷ 通过单击下拉按钮，在弹出的列表中设置字体系列。

❸ **设置消除锯齿的方法** ：通过下拉列表设置消除文字锯齿的方法。

无　　　　锐利　　　　犀利　　　　浑厚　　　　平滑

❹**创建文本变形** ：通过弹出的"变形文字"对话框创建文本的变形。

❺**取消当前所有编辑** ：在文字的编辑状态下，选项栏出现该按钮，单击该按钮取消当前的所有编辑。

❻**提交所有当前编辑** ：确认当前对文本的操作，也可以在工具箱中单击其他工具，自动提交当前文本的操作。

2. 变形文字

通过单击选项栏中的"创建文字变形"按钮 ，在弹出的"变形文字"对话框中对文字进行各种样式的封套变形。注意，按快捷键Ctrl+T，弹出自由变换编辑框，然后通过选项栏中的"在自由变换和变形模式之间切换"按钮 ，在自由变换和变形之间切换。

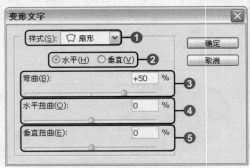

"变形文字"对话框

❶**样式**：设置文字变形的样式。

❷**水平 / 垂直**：设置文字以水平 / 垂直的轴变形。

❸**弯曲**：设置变形的弯曲强度。其中设置负值时向下弯曲，设置正值时向上弯曲。

❹**水平扭曲**：设置文字水平扭曲的强度。其中设置负值时向左扭曲，设置正值时向右扭曲。

❺**垂直扭曲**：设置文字垂直扭曲的强度。设置负值时向上扭曲，设置正值向下扭曲。

对文字变形时首先通过"样式"下拉列表，选择变形的样式，然后定义变形的轴，再调节变形的弯曲度，设置好后再细致地调整水平或垂直的扭曲度。

水平

垂直

弯曲为 -50

弯曲为 50

水平扭曲

垂直扭曲

 任务实现（操作步骤）

STEP 01
新建文档

执行"文件>新建"命令,在弹出的"新建"对话框中设置"名称"为"制作可爱效果的变形文字",尺寸为10厘米×7.5厘米,单击"确定"按钮完成操作。

STEP 02
输入文字

单击横排文字工具 T ,在画面左侧输入字母S,在选项栏中设置字母的字体与大小。字体均为Arial Black,字号根据画面增大或减小。完成S设置后,新建图层再输入U,重复此操作,使每个字母分别为一个图层。

STEP 03
字母变形

双击"图层"面板的S文字图层,选中字母S,在选项栏中单击"创建变形文字"按钮 ,在弹出的"变形文字"对话框中设置字母的"样式"为"膨胀",参照示意图设置参数,使S产生一定程度的变形,完成后单击"确定"按钮,文字即变形。

STEP 04
定义图案

打开本书配套光盘中的第6章\03\media\图案1.jpg文件,执行"编辑>定义图案"命令,在弹出的"图案名称"对话框中输入图案名称后,按下"确定"按钮。

STEP 05

设置字母的图层样式

双击"图层"面板的S文字图层，在"图层样式"对话框中分别勾选"图案叠加"与"斜面与浮雕"复选框，并分别在各面板中设置参数，其中在"图案叠加"面板的"图案"栏中选择刚才定义的"图案1"，对文字应用效果。

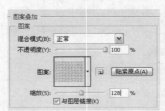

STEP 06

字母 U 的设置

打开本书配套光盘中的第6章\03\media\图案2.jpg文件，执行"编辑>定义图案"命令，将图案2.jpg文件定义为图案，完成后单击"确定"按钮。重复对S的操作步骤，选中字母U在选项栏单击"创建变形文字"按钮，文字变形后双击图层面板的U文字图层，在"图层样式"对话框中分别勾选"图案叠加"与"斜面与浮雕"复选框，对文字应用效果。

STEP 07

字母 N 的设置

打开本书配套光盘中的第6章\03\media\图案3.jpg文件，执行"编辑>定义图案"命令，将图案3.jpg文件定义为图案，同样选中字母N图层，在选项栏单击"创建变形文字"按钮，进行文字变形并将其向上移动一定位置，接着对字母进行"图层样式"的设置，对文字应用效果。

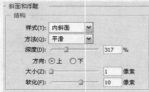

STEP 08
字母 D 的设置

打开第6章\03\media\图案4.jpg文件,同样定义图案后设置字母D的变形。然后对字母D添加"图案叠加"与"斜面与浮雕"的图层样式效果,其中"斜面和浮雕"与前面制作的字母参数相同。

STEP 09
字母 A 的设置

选中字母a,设置字母变形。添加"图案叠加"与"斜面与浮雕"的图层样式效果,设置参数。"图案叠加"中图案选择"图案1",更改混合模式为"强光",使字母a与s区别,"斜面和浮雕"按之前参数进行设置。

STEP 10
字母 Y 的设置

打开第6章\03\media\图案5.jpg文件,按之前的操作步骤设置字母变形,添加图层样式,设置参数。"斜面和浮雕"按之前参数进行设置。

STEP 11
调整文字位置并
添加背景

所有文字设置完成后,使用移动工具 ▸⊕ 分别选中各图层,将它们图中位置进行摆放,使文字结合更为集中。打开第6章\03\media\背景.jpg文件,将其拖入成为"图层1",并放置在字母之下,给文字添加背景。

STEP 12
创建新组并合并

单击"创建新组"按钮 ▭ ,创建"组1",将所有文字图层拖入组内。然后在"组1"上右击,在弹出的快捷菜单中选择"复制组"命令,生成"组1副本",在该组上单击鼠标右键,选择"合并组"命令,将其合并为一个图层。

STEP 13
创建文字选区

按住Ctrl键单击"组1副本"的图层缩览图，在图层上自动生成文字选区，然后执行
"选择>修改>扩展"命令，在弹出的"扩展选区"对话框中设置"扩展量"为15像素，
单击"确定"按钮完成设置，选区自动扩展。

STEP 14
设置文字的底层
颜色

设置文字的底层颜色 新建"图层2"，填充选区为白色，删除"组1副本"图层，将"图
层2"放置在"组1"下方。

STEP 15
设置底层图像的
样式

双击"图层2"，在"图层样式"对话框中分别勾选"投影"与"斜面与浮雕"复选框，
并设置各项参数，完成后单击"确定"按钮。至此，本实例制作完成。

Works 04　制作路径效果的文字

任务目标（实例概述）

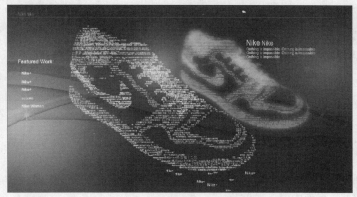

本实例制作难点在于在提供的各种路径中输入错落有致的段落文字，重点在于结合"字符"面板和"图层"面板为指定的文字图层或某段文字设置不同的文字排列效果。

光盘路径

| 原始文件 |
| 第 6 章 \04\media\152.psd、153.png |
| 最终文件 |
| 第 6 章 \04\complete\ 制作路径效果的文字 .psd |

任务向导（知识精讲）

序　号	操作概要	知识点	知识水平
1	创建输入光标后在闭合路径中输入文字	在路径中输入文字	高级

在路径中输入文字

文字工具可以直接在开放或闭合路径中输入并排列文字。注意改变路径的形状，文字也会随路径的变化而变换排列。排列在路径外的文字将不显示。

选择文字工具时将鼠标移动到开放路径上，当光标转换为 ↙ 时在路径上单击，出现输入光标，然后沿路径输入路径文字。单击"提交当前所有编辑"按钮 ✓ 或单击其他工具，结束路径文字输入。

单击开放路径

沿开放路径输入文字

闭合路径的文字输入分为路径外和路径内两种输入方式。将光标移动到路径内，当光标转换为 ① 时单击，出现输入光标，然后可以沿路径的形状在路径中输入文字。

| 单击闭合路径 | 沿闭合路径输入文字 | 在闭合路径内单击 | 在闭合路径中输入文字 |

任务实现（操作步骤）

STEP 01
填充背景并选择路径

打开本书配套光盘中第6章\04\media\152.psd文件，然后单击渐变工具 ，在选项栏中的"渐变编辑器"中设置色标为蓝色 (R98、G119、B151) 和深蓝色 (R13、G19、B29)，完成后从画面左下方向外拖动，径向渐变填充"背景"图层。切换到"路径"面板，然后单击"路径1"，画面中显示该路径。

STEP 02
输入路径文字

单击横排文字工具 ，然后在"字符"面板中设置各项参数，完成后将光标移动到路径中，当光标转换为 时单击，然后在该路径中输入段落文字。

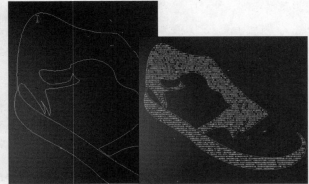

STEP 03
调整选定的文字

输入段落文字后，回到段前并拖动光标选择几个文字，在"字符"面板中设置字体大小和行距，并单击"仿粗体"按钮 ⊤ 加粗文字，完成后继续调整其他文字，最后单击其他工具结束文字的输入和编辑。

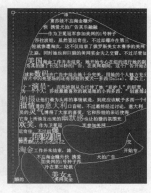

STEP 04
在选定的路径中
输入文字

单击"路径2"，然后在"字符"面板中设置较小的字体大小和行距，在选定的路径中输入段落文字，最后单击工具箱中的其他工具完成输入。

STEP 05
输入路径文字并
复制副本

使用相同的方法，选择"路径3"并结合文字工具在路径中输入段落文字，完成后单击"路径"面板的空白处，隐藏路径，然后切换回"图层"面板，并按快捷键Ctrl+J将该路径的文字图层复制一个副本。

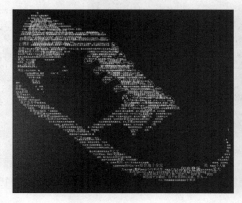
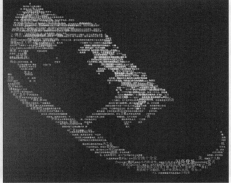

STEP 06

继续输入路径文字并复制副本

继续选择"路径4"并结合文字工具输入文字，在"字符"面板中设置"字体大小"为1.5点，完成后选择一些文字并重新设置"字体大小"为4点，相应调整行距，切换到其他工具结束输入。最后复制该文字图层，加强文字的凸现效果。

STEP 07

创建组

使用相同的方法，分别选择其他路径并结合文字工具在路径中输入段落文字，根据画面效果适当调整个别文字的字体大小和行距，创建错落叠加的排列效果。完成后单击"创建新组"按钮 □ ，创建"组1"并将所有图层拖移至该组中。

STEP 08

复制副本合并组

复制一个"组1副本"，然后按快捷键Ctrl+E将"组1副本"合并为"组1副本"图层，完成后按快捷键Ctrl+T适当调整副本图像的大小。

STEP 09

复制副本并进行高斯模糊

继续复制"组1副本"为"组1副本2"图层，对"组1副本2"图层执行"滤镜>模糊>高斯模糊"命令，在弹出的"高斯模糊"对话框中设置"半径"为15像素，单击"确定"按钮。

STEP 10
模糊图像边缘

设置"组1副本"图层的"不透明度"为50%, 然后单击模糊工具 , 对该图层的图像边缘进行模糊处理。

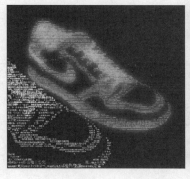

STEP 11
添加"描边"图层样式

选择"背景"图层, 使用渐变工具对背景图像进行径向渐变填充, 增强背景的层次感。

STEP 12
添加其他元素

使用与前面相同的方法, 为作品添加本书配套光盘中的153.png文件, 设置图层的混合模式为"叠加", 完成后使用文字工具在画面中添加一些文字元素, 完成作品的制作。

Works 05 制作水晶质感文字

任务目标（实例概述）

本实例通过 Photoshop 中的将文字转换为工作路径、复制和粘贴图层样式、缩放图层效果等配合使用完成。在制作过程中，主要难点在于将文字转换为工作路径，结合直接选择工具的使用，改变文字的路径造型。重点在于结合复制和粘贴图层样式命令，为不同的文字运用相同的图层样式。

光盘路径	原始文件
	第 6 章 \05\media\154.jpg、155.psd
	最终文件
	第 6 章 \05\complete\ 制作水晶质感文字 .psd

任务向导（知识精讲）

序　号	操作概要	知识点	知识水平
1	将文字转换为工作路径并结合路径工具编辑路径	将文字转换为工作路径	高级
2	拷贝字母 G 的图层样式并粘贴到其他字母	拷贝和粘贴图层样式	中级
3	缩放小字母的图层效果以适应字母大小	缩放图层效果	中级

1. 将文字转换为工作路径

执行"图层 > 文字 > 创建工作路径"命令将文字转换为工作路径，自动沿文字的边缘创建无数的锚点。结合路径选择工具 、直接选择工具 以及钢笔工具 等路径工具的使用，可以直接改变路径形状，即对文字的形状自由地变形。其中路径选择工具可以选择和移动整个路径，直接选择工具选择或移动锚点，钢笔工具用于添加或删除锚点，以及转换锚点。

此外，结合"将路径作为选区载入"命令，将变形的路径转换为选区，填充后就创建了自定的文字变形效果。

创建工作路径

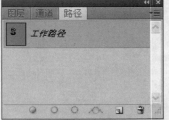
"路径"面板显示创建的工作路径

使用直接选择工具移动锚点

文字的编辑和特效制作

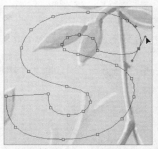 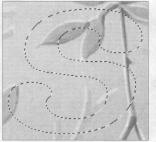 

使用转换点工具转换锚点　　　将工作路径转换为选区　　　填充选区创建变形文字

2. 拷贝和粘贴图层样式

拷贝和粘贴图层样式是应用图层样式的一项重要功能。它将对象的图层样式迅速添加到不同的图层对象中。右击图层的"指示图层效果"按钮 ，在弹出的快捷菜单中单击"拷贝图层样式"命令，复制当前图层的图层样式，然后选择需要应用相同图层样式的图层，右击"指示图层效果"按钮 ，在弹出的快捷菜单中单击"粘贴图层样式"命令，将复制的图层样式粘贴到该图层中。

   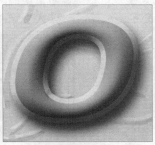

添加图层样式　　　　拷贝图层样式　　　　　　原文字　　　　　　　粘贴图层样式

在"图层"面板中按住 Alt 键同时将某个图层样式拖移到另一个图层中，可以快速复制粘贴图层样式到另一个图层。需要注意的是，执行此项操作，"图层样式"对话框中"混合选项"中的一些设置——例如"混合模式"、"不透明度"、"挖空"和其他混合选项没有一起被复制过来，而且在删除图层样式后不会被清除。要复制包括整个混合选项的图层样式，结合"拷贝图层样式"和"粘贴图层样式"命令。

3. 缩放图层效果

对添加了图层样式的对象进行缩放操作时，图层样式不会随之进行缩放变换。此时可以单击图层样式快捷菜单中的"缩放效果"，通过弹出的"缩放图层效果"对话框，对添加的图层样式效果进行整体的百分比缩放，以适应缩放效果。缩放范围为 1%~1000%，缩放图层效果后"图层样式"对话框中的各项参数也将相应地修改。

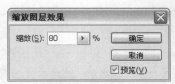  

"缩放图层效果"对话框　　　　原图层样式的效果　　　　缩放后的样式效果

任务实现（操作步骤）

STEP 01
新建文档

执行"文件>新建"命令,在弹出的"新建"对话框中新建一个10厘米×14厘米的文件,完成后单击"确定"按钮。

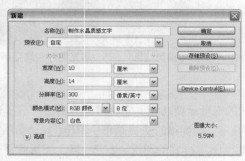

STEP 02
输入文字

单击横排文字工具 T ,然后在"字符"面板中设置各项参数,完成后分别以不同的字体大小输入字母G和T。

STEP 03
创建工作路径并
填充选区

选择T文字图层并执行"图层>文字>创建工作路径"命令,创建基于字母T的工作路径,然后单击直接选择工具 ,框选右方的几个锚点并向右水平拖动,延伸这几个锚点的路径,完成后新建"图层1",按快捷键Ctrl+Enter,将路径作为选区载入,最后按快捷键Alt+Delete填充。

STEP 04
添加图层样式

双击G文字图层,在弹出的"图层样式"对话框中分别勾选"投影"和"内阴影"复选框,然后设置各项参数,其中在"投影"选项面板中的"等高线"选项中设置预设为"高斯分布",注意观察文字的样式效果。

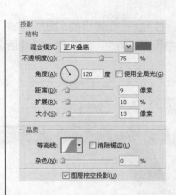 

STEP 05

添加"内发光"和"斜面和浮雕"图层样式

继续添加"内发光"、"斜面和浮雕"图层样式,设置各项参数,其中在"内发光"中设置颜色为深红色(R112、G37、B37),在"斜面和浮雕"中单击"光泽等高线"缩览图,然后在弹出的"等高线编辑器"中自定曲线,注意观察光泽的变化。

  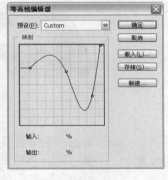

STEP 06

继续添加"光泽"和"渐变叠加"图层样式

继续添加"光泽"和"渐变叠加"图层样式,其中在"渐变叠加"的"渐变编辑器"中设置渐变色标为深红色(R110、G23、B0)、红色(R223、G32、B7)和浅红色(R255、G152、B136),完成后单击"确定"按钮。

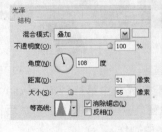  

STEP 07

复制并粘贴图层样式

右击G文字图层的"指示图层效果"按钮 ,在弹出的快捷菜单中单击"拷贝图层样式"命令,然后在"图层1"的图层名称旁单击鼠标右键,弹出快捷菜单后单击"粘贴图层样式"命令,为字母T添加相同的图层样式。

STEP 08

**调整"渐变叠加"
图层样式**

双击"图层1"旁的"指示图层效果"按钮 ，在弹出的"图层样式"对话框中单击"渐变叠加"选项，然后在右侧的面板中设置"角度"为80度，完成后单击"确定"按钮，调整字母T的渐变角度。

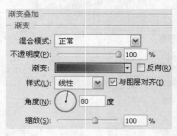

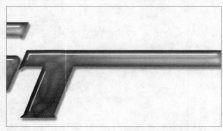

STEP 09

**输入文字并添加
图层样式**

使用前面相同的方法，继续输入文字并排列到大写字母的右方，然后粘贴与前面的字母相同的图层样式。

STEP 10

缩放图层效果

右击小字母图层旁的"指示图层效果"按钮 ，在弹出的快捷菜单中单击"缩放效果"命令，然后在弹出的"缩放图层效果"对话框中设置"缩放"为5%，完成后单击"确定"按钮，使图层样式适合小字母。

STEP 11

添加其他素材

执行"文件>打开"命令，打开本书配套光盘中第6章\05\media\154.jpg文件，使用移动工具将其拖移至当前操作的图像窗口中，得到"图层2"，然后根据画面调整文字的位置，最后添加其他素材，完成作品的制作。

路径及形状工具的应用

　　路径的一大优点是不受分辨率的影响，结合各种路径工具可对路径进行随意编辑。应用此特点可以创建各种形态的路径，并且对路径随意改变大小时不会出现锯齿现象。使用工具箱中的路径工具来创建路径，并结合"将路径作为选区"命令的使用，可以为图像创建相当精确的选区范围。结合画笔工具、橡皮擦工具等绘图工具的使用，对路径进行填充或描边。

本章案例		知 识 点
Works 01	制作动感立体图像	钢笔工具、将路径作为选区载入
Works 02	制作矢量风格插画	自由钢笔工具、转换点工具
Works 03	制作时尚合成效果	添加锚点工具、直接选择工具、路径选择工具
Works 04	制作形状合成图像	"路径"面板、定义自定形状、形状工具

Works 01　制作动感立体图像

任务目标（实例概述）

　　本实例通过 Photoshop 中的钢笔工具、将路径作为选区载入、渐变工具等配合使用完成。在制作过程中，主要难点在于使用钢笔工具结合快捷键，绘制各种复杂的路径。重点在于掌握路径转换为选区的功能以及结合载入图像选区的命令擦除多余图像。

光盘路径	原始文件
	第 7 章 \01\media\156.jpg
	最终文件
	第 7 章 \01\complete\ 制作动感立体图像 .psd

任务向导（知识精讲）

序　号	操作概要	知识点	知识水平
1	结合快捷键的运用绘制箭头形态的路径	钢笔工具	高级
2	将箭头路径作为选区载入并渐变填充	将路径作为选区载入	高级

1. 钢笔工具

　　绘制路径的工具包括钢笔工具、自由钢笔工具，路径的编辑工具包括添加锚点工具、删除锚点工具、转换点工具。其中钢笔工具是最为常用和主要的路径工具。通过钢笔工具的选项栏，可以在各种钢笔工具和形状工具之间切换。钢笔工具与自由钢笔工具的选项栏类似。

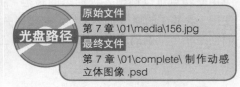

钢笔工具的选项栏

❶ **形状图层**：在形状图层中创建路径。

❷ **路径**：直接创建路径。

❸ **填充像素**：创建的路径为填充像素的形式。

❹ 单击相应图标，在钢笔工具和形状工具之间切换。其中钢笔工具可以精确地绘制出各种直线以及曲线；自由钢笔工具用于随意性创建各种路径。当勾选选项栏右方出现的"磁性的"复选框时，就为磁性钢笔工具。

❺ **几何选项**：不同的工具可以打开相应的选项面板。其中在"钢笔选项"面板中勾选"橡皮带"

复选框，可以在绘制路径的同时显示橡皮带，使用户确定路径的绘制趋势。

❻**自动添加 / 删除**：在绘制路径时，当钢笔停留在路径上，具有直接添加或删除锚点的功能。

| 使用磁性钢笔工具 | 勾选"橡皮带"选项 | 添加锚点 | 删除锚点 |

❼设置建立复合路径的方式，依次为添加到路径区域；从路径区域减去；交叉路径区域；重叠路径区域除外。

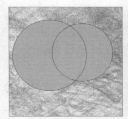 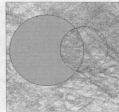 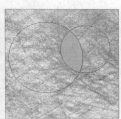 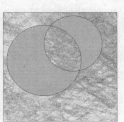

| 添加到路径区域 | 从路径区域减去 | 交叉路径区域 | 重叠路径区域除外 |

通过钢笔工具可以创建开放路径、闭合路径以及复合路径。其中开放路径表示两个不同的锚点之间有任意数量的锚点，且呈非闭合状态；闭合路径表示连续的路径且没有端点和结束点，呈闭合状态；复合路径表示两个或多个开放或闭合的路径形成的复合状态。

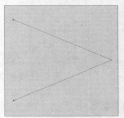 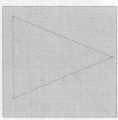 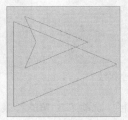

| 开放路径 | 闭合路径 | 复合路径 |

钢笔工具可以轻松绘制出各种图形，针对不同的图形形状采用不同的创建方式。主要操作包括创建直线、曲线、折线、创建平行或垂直或 45°的直线，以及创建闭合路径。

使用钢笔工具在画面单击创建一个锚点，然后继续在其他位置单击创建第二个锚点，两个锚点连成一条直线，使用相同的方法可以继续创建出折线。

 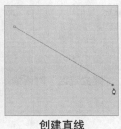 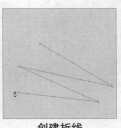

| 创建锚点 | 创建直线 | 创建折线 |

使用钢笔工具在图像窗口上单击创建一个锚点，然后绘制第二个锚点时按住鼠标右键不放并拖动，绘制出曲线并产生控制手柄，使用相同的方法继续绘制出其他锚点，注意拖出的控制手柄越长，曲线越弯曲。当按住 Alt 键的同时可以只拖动单边的控制手柄，从而改变曲线路径的方向，创建出折线。

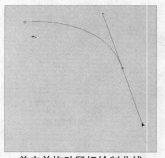单击并拖动鼠标绘制曲线 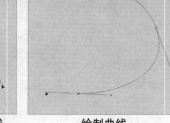绘制曲线 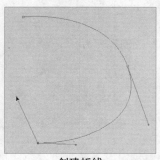创建折线

2. 将路径作为选区载入

通过路径工具和形状工具绘制的路径可以直接作为选区载入，结合填充工具的运用，将矢量路径转换为位图的像素图像。较常用的方法是通过"路径"面板的相应命令，以及配套快捷键的使用，将路径转换为选区。

（1）选择创建的新路径，单击"路径"面板中的"将路径作为选区载入"按钮，路径转换为选区；或按住 Ctrl 键同时单击"路径"面板上的当前路径，路径被作为选区载入。

创建路径 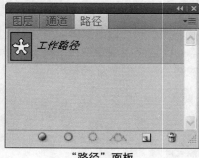"路径"面板 将路径转换为选区并填充

（2）单击"路径"面板右上角的扩展按钮，在弹出的快捷菜单中单击"建立选区"命令，弹出"建立选区"对话框，设置选区的"羽化半径"，以及建立复合选区的方式。

创建路径 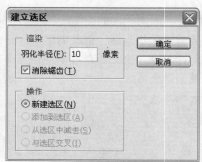"建立选区"对话框 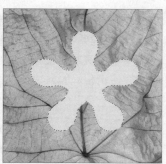创建羽化选区并填充

路径及形状工具的应用

 任务实现（操作步骤）

STEP 01
新建文档

执行"文件>新建"命令，新建一个13厘米×10厘米的文件，然后单击"确定"按钮。完成后在"图层"面板中单击"创建新图层"按钮，新建"图层1"。

STEP 02
创建锚点

单击钢笔工具 ，然后在画面的左下方单击并拖动鼠标，创建一个含有控制手柄的锚点，完成后在右方单击并拖动鼠标，建立第二个锚点。

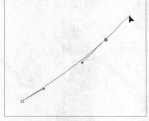

STEP 03
绘制路径

使用相同的方法，继续创建曲线或直线的路径，按住Alt键切换到转换锚点工具，然后拖动一端的控制手柄，将锚点转换为角点，最后单击起始锚点，闭合路径。

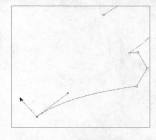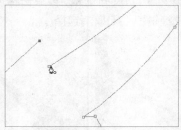

STEP 04
调整路径

按下A键切换到直接选择工具 ，单击需要调整位置的锚点，通过拖动该锚点将较细的路径调整得略粗一些，或者按住Alt键的同时拖动锚点，重新调整该锚点两方的路径。

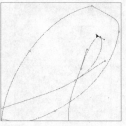

STEP 05

渐变填充选区

按快捷键Ctrl+Enter将路径作为选区载入，然后单击多边形套索工具，按住Shift键的同时加选选区交叉处的空白区域，完成后单击渐变工具，在"渐变编辑器"中设置色标为深蓝色（R0、G16、B59）和蓝色（R0、G149、B218），最后从左至右进行线性渐变填充。

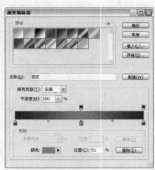

STEP 06

**创建路径并渐变
填充选区**

使用钢笔工具绘制箭头形态的路径，然后新建"图层2"并将路径作为选区载入，完成后使用渐变工具进行线性渐变的填充，其中在"渐变编辑器"中设置色标为蓝色（R0、G16、B59）和蓝色（R0、G149、B218）。

STEP 07

**选区反向并擦除
多余图像**

按住Ctrl键的同时单击"图层1"的图层缩览图，载入图像选区，然后按快捷键Shift+Ctrl+I反向选取，再单击橡皮擦工具，擦除箭头尾巴的多余图像，完成后按快捷键Ctrl+D取消选择。

STEP 08

**绘制箭头的各个
面并创建新组**

使用前面相同的方法，分别新建图层并为箭头绘制多个面的细节，完成后单击"创建新组"按钮，创建"组1"并将图层添加到该组中。

STEP 09
添加图层蒙版

在"组1"下面新建"图层6",继续绘制一个渐变填充的箭头,完成后选择"组1"并单击"添加图层蒙版"按钮 ◙ ,为组添加图层蒙版。

STEP 10
绘制图层蒙版

按住Ctrl键同时单击"图层6"的图层缩览图,载入图像选区,然后单击画笔工具 ,使用黑色在选区中绘制,隐藏"组1"中的部分图像,使各个箭头产生穿插的效果,注意在图层蒙版中进行绘制。

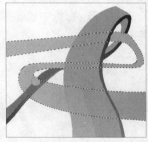
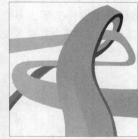

STEP 11
绘制箭头的细节
并创建新组

使用前面相同的方法,绘制箭头的阴影、亮面等细节,适当载入相同区域的选区并结合橡皮擦工具擦除多余图像,使箭头始终保持基本形态。完成后新建"组2"并将创建的图层添加到该组中。

STEP 12
绘制箭头

继续绘制一组箭头,并创建为"组3",完成后添加图层蒙版效果,使箭头的尾部隐藏在其他箭头的后面。

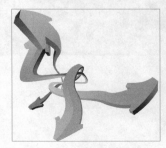

STEP 13

添加箭头的高光并打开素材文件

新建一个图层并使用钢笔工具绘制一些闭合路径，然后转换为选区后填充为白色，作为箭头的高光。完成后执行"文件>打开"命令，打开本书配套光盘中的第7章\01\media\156.jpg文件。

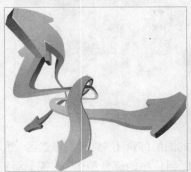 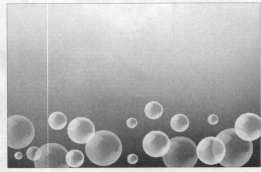

STEP 14

添加素材并输入文字

使用移动工具将素材拖移至当前操作的图像窗口中，将图层顺序调整至"背景"图层的上一层，然后单击横排文字工具 T，在"字符"面板中设置字体大小为80点，根据画面效果选择较简洁的字体，输入文字。

STEP 15

添加"外发光"图层样式

双击文字图层，在弹出的"图层样式"对话框中勾选"外发光"复选框，在右方面板中设置各项参数，单击"确定"按钮，完成作品的制作。

Works 02　制作矢量风格插画

任务目标（实例概述）

　　本实例通过 Photoshop 中的自由钢笔工具、转换点工具等配合使用完成。在制作过程中，主要难点在于运用自由钢笔工具绘制飘逸的发丝。重点在于灵活掌握转换点工具的运用，创建各种类型的复合路径。

光盘路径	原始文件
	第 7 章 \02\media\157.png ～ 160.png
	最终文件
	第 7 章 \02\complete\ 制作矢量风格插画 .psd

任务向导（知识精讲）

序　号	操作概要	知识点	知识水平
1	绘制造型复杂的发丝	自由钢笔工具	中级
2	绘制眉毛并转换两端锚点的路径方向	转换点工具	高级

1. 自由钢笔工具

　　自由钢笔工具的操作方法和画笔工具相似，不同的是前者创建的是路径，而后者创建的是像素。通过自由钢笔工具选项栏中的"几何选项"设置，可以定义自由钢笔绘制的磁性选项和钢笔压力等，从而用于创建复杂多变的路径。

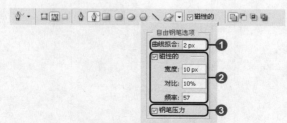

自由钢笔工具的选项栏

　　❶曲线拟合：沿路径拟合贝塞尔曲线时允许的错误容差。

　　❷磁性的：启用自由钢笔的磁性选项。其中"宽度"设置与边的距离以区分路径；"对比"设置对比度以区分路径；"频率"设置锚点添加到路径中的频率。

　　❸钢笔压力：使用绘图板压力以更改钢笔宽度。

频率为 100

频率为 50

2. 转换点工具

在实际操作中，使用钢笔工具创建的路径并不能真正适应操作的需要，需要把简单的路径转换为指定的各种类型的路径。转换点工具用于编辑锚点，使路径在直线与曲线之间相互组合与转换。使用钢笔工具时，按住 Alt 键快速切换到转换点工具。

操作时，单击曲线锚点则控制手柄消失，该锚点转换为角点；拖动锚点一端的控制手柄，则只改变该控制手柄一方的路径。

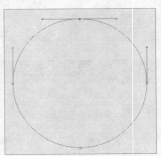
创建路径

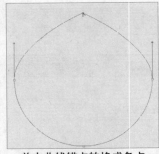
单击曲线锚点转换成角点

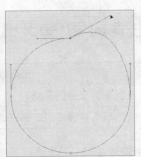
拖动锚点一端的控制手柄

单击角点锚点并拖动鼠标，出现该锚点的控制手柄，则角点锚点变成曲线锚点，锚点两方的路径转换为曲线。拖动的控制手柄越长，曲线越弯曲，反之亦然。

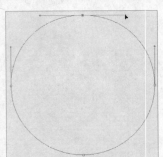
拖动锚点出现控制手柄

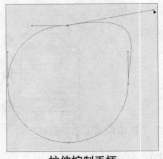
拉伸控制手柄

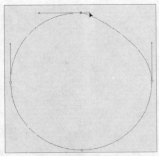
缩短控制手柄

 任务实现（操作步骤）

STEP 01
新建文档

执行"文件>新建"命令,在弹出的"新建"对话框中新建一个12.9厘米×17.3厘米的
文件,然后单击"确定"按钮。

STEP 02
绘制脸型路径

单击钢笔工具 ,在画面右上方绘制人物的脸型路径,注意锚点与锚点之间的间距
较小,创建多个锚点,使路径更加平滑,完成后按快捷键Ctrl+Enter将路径作为选区
载入。

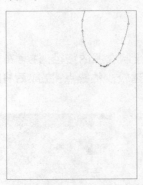
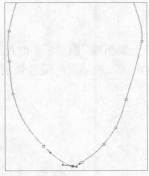
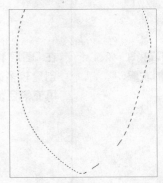

STEP 03
填充选区并绘制
肩部

单击"图层"面板中的"创建新图层"按钮 ,新建"图层1",然后设置前景色为肉
色（R252、G236、B220）,再按快捷键Alt+Delete填充选区。最后在"图层1"下面新
建"图层2",使用钢笔工具绘制肩部。

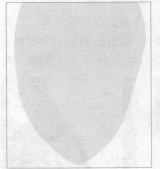
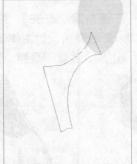

STEP 04
绘制手臂

在置顶层新建"图层3",然后绘制人物的手臂,注意绘制较细的路径,表现人物的
纤细感,完成后将路径作为选区载入,并填充肉色。

STEP 05
绘制脖子阴影

在"图层2"上面新建"图层4"，使绘制的图像位于脸的下层，然后绘制脖子阴影区域的路径，再将路径作为选区载入，完成后设置前景色为肉色（R241、G184、B144）并填充选区。

STEP 06
绘制衣服

在"图层4"上面新建"图层5"，然后绘制衣服的路径，注意在转折较多的路径部分创建较多的锚点，较平滑的路径处创建较少的锚点，完成后将路径作为选区载入并填充黑色。

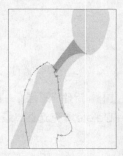  

STEP 07
绘制头发

在"图层3"下面新建"图层6"，然后单击自由钢笔工具，沿人物身体的走向随意地绘制头发，先绘制头发的主体部分，然后绘制细小的发丝并填充选区为黑色。完成后新建"图层7"并置于底层，然后绘制身体另一侧的头发。

STEP 08
绘制眉毛

在头发图层下面新建"图层8",然后使用自由钢笔工具绘制眉毛,再单击直接选择工具 ，选择眉毛两端的锚点,然后单击转换点工具 ，拖动锚点一端的控制手柄,绘制出尖锐的角。完成后将路径作为选区载入并填充为棕色 (R204、G74、B2)。

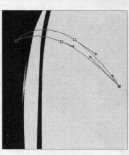 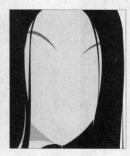

STEP 09
绘制眼睛

新建"图层9",结合钢笔工具和填充工具绘制眼白,注意调整好眼睛在脸中的位置和比例,然后继续绘制眼睛的结构,分别设置前景色为棕色 (R48、G0、B0)、蓝色 (R66、G20、B255),填充的"不透明度"为80%,使填充具有透明效果。

STEP 10
绘制眼睛的细节

使用相同的方法,继续绘制眼睛的各部分,使图像细节更加丰富。

STEP 11
绘制嘴唇

绘制嘴唇并使用渐变工具进行径向渐变填充,其中在"渐变编辑器"中设置色标为红色 (R241、G46、B17) 和红色 (R254、G154、B98)。

STEP 12

添加脸部细节并添加素材

继续添加五官的细节，适当调整"不透明度"，产生柔和的效果。然后执行"文件>打开"命令，打开本书配套光盘中的第7章\02\media\157.png文件，完成后单击移动工具，将其拖移至当前操作的图像窗口中。

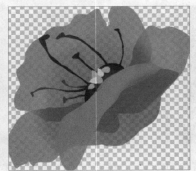

STEP 13

调整图像

继续添加本书配套光盘中的其他素材，使画面更加丰富，完成后新建一个图层位于人物的下面，然后按住快捷键Shift+Ctrl的同时单击人物图层的缩览图，载入人物图像的选区，再填充选区为白色，完成后双击该图层，在弹出的"图层样式"对话框中添加"外发光"样式，突出人物。至此，本实例制作完成。

Works 03 制作时尚合成效果

 任务目标（实例概述）

本实例通过 Photoshop 中添加锚点工具、路径选择工具、直接选择工具等配合使用完成。在制作过程中，主要难点在于结合添加锚点工具和路径选择工具，将简单的路径编辑为复杂的路径。重点在于结合路径和选区的运用，创建矢量效果的各种图像。

光盘路径

原始文件
第 7 章 \03\media\161.jpg、162.png

最终文件
第 7 章 \03\complete\ 制作时尚合成效果 .psd

 任务向导（知识精讲）

序 号	操作概要	知识点	知识水平
1	在路径上单击添加并排的锚点	添加锚点工具	中级
2	单击添加的锚点并将其进行拖移	直接选择工具	中级
3	单击路径并将其拖移至合适的位置	路径选择工具	中级

1. 添加锚点工具

对绘制的路径需要进行添加或删除锚点的编辑时，Photoshop 工具箱提供了添加锚点工具与删除锚点工具。其中添加锚点工具通过单击路径，在指定位置的路径上添加锚点。

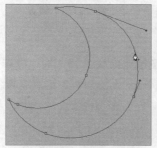

使用添加锚点工具单击路径

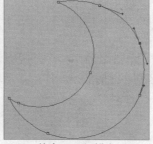

单击以添加锚点

当在钢笔工具的选项栏中勾选了"自动添加 / 删除"复选框，则钢笔工具在绘制路径的同时也具有了自动添加、删除锚点功能。需要注意的是，路径不显示锚点时，钢笔工具将不具有添加 / 删除锚点功能，单击将创建新的路径。

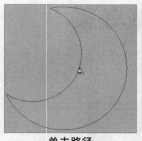

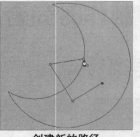

单击路径	创建新的路径

2. 直接选择工具

使用直接选择工具，可单击选择单个锚点或按住 Shift 键同时选择多个锚点，也可以单击并拖出选择框，在选择框范围内的锚点同时被选择。

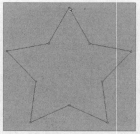

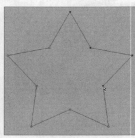

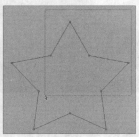

选择单个锚点	选择多个锚点	框选多个锚点

当使用形状工具绘制路径时，路径上的锚点并不显示，通过使用直接选择工具单击路径，可以显示锚点，方便以后的对锚点的编辑操作。

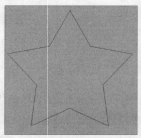

绘制形状路径	单击路径以显示锚点

3. 路径选择工具

使用路径选择工具单击路径，整个路径以及锚点即被选择，拖动鼠标对路径进行整体的移动，这是与直接选择工具的区别。此时锚点呈实心显示状态，无法对单个锚点编辑。

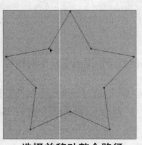

绘制路径	选择并移动整个路径

 任务实现（操作步骤）

STEP 01
打开文档

执行"文件>打开"命令，打开本书配套光盘中的第7章\03\media\161.jpg文件。

STEP 02
绘制路径并添加锚点

单击钢笔工具 ⬚，在戒指处绘制出一条飘逸的闭合路径，然后单击添加锚点工具 ⬚，在路径的末端依次单击3次，添加3个并排的锚点。

STEP 03
添加锚点并调整锚点位置

单击直接选择工具 ⬚，然后单击位于中间新添加的锚点，将其向外拖动，然后单击添加锚点工具 ⬚，在新创建的路径上分别添加两个锚点。

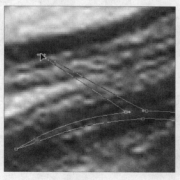 

STEP 04
继续添加锚点并调整锚点位置

单击直接选择工具 ⬚，拖动添加的锚点，调整路径的曲度，完成后使用相同的方法，在闭合路径的中间位置添加锚点并延伸出弯曲的路径。

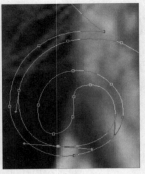

STEP 05
将路径转换为选区并填充

继续在闭合路径上添加锚点并延伸出新的路径，完成后按快捷键Ctrl+Enter将路径作为选区载入，最后新建"图层1"，填充选区为白色。

STEP 06
绘制路径并调整位置

继续使用钢笔工具绘制闭合路径，绘制完成后单击路径选择工具▶，单击路径并将其拖移至合适的位置。

STEP 07
填充选区

按快捷键Ctrl+Enter将路径作为选区载入，然后新建"图层2"，设置前景色为蓝色（R58、G194、B249）并填充选区，完成后单击椭圆选框工具◯，按住Shift键的同时绘制几个正圆，最后填充选区。

STEP 08
描边路径

使用钢笔工具绘制一条曲线路径,然后单击画笔工具✎,在选项栏的"画笔预设"拾取器中选择"尖角5像素",然后在"路径"面板中单击"用画笔描边路径"按钮◯,使用选定的画笔锚点路径。

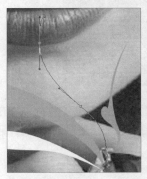
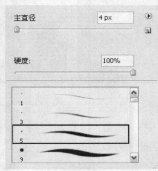
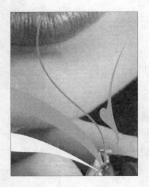

STEP 09
绘制其他图像

使用相同的方法,分别绘制曲线并结合画笔工具对路径描边,完成后继续新建"图层3"和"图层4",分别绘制其他颜色和形态的图像。

STEP 10
绘制复合路径

绘制一个卷曲状的闭合路径,然后在钢笔工具的选项栏中单击"从路径区域减去"按钮▢,然后沿路径绘制一个减去的路径,创建复合路径,完成后将路径作为选区载入,单击渐变工具▢进行线性渐变的填充。

STEP 11
绘制水滴并复制副本

使用钢笔工具分别绘制3个不同颜色和形态的水滴,然后按住Alt键的同时拖动图像,复制副本图像,然后单击"锁定透明像素"按钮▣,分别锁定这些图层的透明像素,根据画面效果填充其他颜色。

STEP 12

创建组并复制组的副本

单击"创建新组"按钮 ▭，创建"组1"，然后将所有水滴图像的图层拖至该组中，完成后将"组1"拖至"创建新图层"按钮 ▫ 处，复制一个"组1副本"，最后根据画面效果适当调整副本组的水滴颜色。

STEP 13

添加素材并复制副本

执行"文件>打开"命令，打开本书配套光盘中的第7章\03\media\162.png文件，使用移动工具将其拖至当前操作的图像窗口中，然后分别复制多个副本，并结合魔棒工具和填充工具，将圆填充为不同的颜色。

STEP 14

复制水滴副本并添加图像元素

根据画面效果，继续复制一些水滴并分别调整到人物的面部和戒指上，并填充不同的颜色，最后使用画笔工具为作品添加一些散布的圆点，并结合钢笔工具和横排文字工具创建路径文字，完成作品的制作。

Works 04　制作形状合成图像

 任务目标（实例概述）

　　本实例通过 Photoshop 中的"路径"面板、形状工具等配合使用制作完成。在制作过程中，主要难点在于将填充像素图像定义为形状，然后结合"路径"面板的运用，创建自由形状。重点在于掌握形状的使用方法以及"路径"面板的各项功能的运用。

 光盘路径

原始文件
第 7 章 \04\media\163.png ～ 168.png

最终文件
第 7 章 \04\complete\ 制作形状合成图像 .psd

 任务向导（知识精讲）

序　号	操作概要	知识点	知识水平
1	从选区生成工作路径并填充路径	"路径"面板	高级
2	将像素图像定义为自定形状	定义自定形状	中级
3	使用自定形状绘制花朵	形状工具	中级

1."路径"面板

　　"路径"面板在默认设置下和"图层"面板等面板组合在一起,该面板针对路径的编辑操作。执行"窗口 > 路径"命令,弹出"路径"面板,创建的路径在该面板中以缩览图显示。单击路径名称选择该路径,单击面板空白区域隐藏该路径。

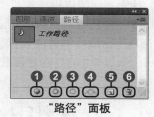

"路径"面板

❶ **用前景色填充路径** ：使用设置的前景色直接填充当前路径。

❷ **用画笔描边路径** ：以指定的画笔预设对当前路径进行描边, 描边颜色为前景色。

❸ **将路径作为选区载入** ：将当前路径转换为选区。

❹ **从选区生成工作路径** ：将当前选区转换为临时的工作路径。

❺**创建新路径**：创建空白的新路径。

❻**删除当前路径**：删除当前选定的路径。

临时绘制的路径在"路径"面板中以斜体字符显示为"工作路径"，绘制新的路径时，当前路径将被覆盖。双击工作路径缩览图弹出"存储路径"对话框，将工作路径存储为路径。

创建临时的工作路径　　　　"存储路径"对话框　　　　将工作路径存储为路径

2. 定义自定形状

定义自定形状将像素图像定义为 CHS 格式的形状，并存储在"自定形状"预设器中。定义形状的优点在于可以灵活地控制形状的大小而不受分辨率的影响。执行"编辑 > 定义自定形状"命令，弹出"形状名称"对话框，定义形状名称。

3. 形状工具

形状工具在 Photoshop 中以形状图层、路径和填充像素的创建模式，用于创建各种基本形态以及复杂形态的图形，且不受分辨率的影响。形状工具包括矩形工具◻、圆角矩形工具◻、椭圆工具◯、多边形工具◯、直线工具＼以及自定形状工具☑。除自定形状工具外，其他形状工具的选项栏相同，选定不同的形状创建模式，即可切换到相应的选项栏。

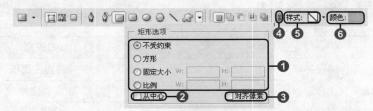

矩形工具的选项栏

❶**矩形选项**：设置矩形的创建方式，可以自由创建也可以设置具体的参数值。

❷**从中心**：从中心绘制矩形。

❸**对齐像素**：将边缘对齐像素边界。

❹单击该按钮可以更改目标图层的属性，取消该按钮可以更改新图层的属性。

❺**样式**：单击弹出"样式"拾色器，为形状图层应用样式。

❻**颜色**：单击颜色缩览图，通过弹出的"拾色器"设置新图层的颜色。

在自定形状工具选项栏中的"自定形状"拾取器中提供了丰富的自定形状，通过拾色器的快捷菜单还可以执行复位、存储、替换形状等命令，以及单击自定形状库载入 CSH 格式的自定形状。

自定形状工具的选项栏

 任务实现（操作步骤）

STEP 01
新建文档并填充
背景

新建一个10厘米×15厘米的文件，设置前景色为浅黄色（R254、G250、B238），完成后按快捷键Alt+Delete填充"背景"图层。

STEP 02
打开文档并载入
图像选区

执行"文件>打开"命令，打开本书配套光盘中的第7章\04\media\164.png文件，然后按住Ctrl键的同时单击该图层的缩览图，载入图像选区。

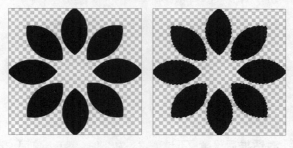

STEP 03
从选区生成工作
路径

切换到"路径"面板，单击"从选区生成工作路径"按钮，生成工作路径，然后结合钢笔工具和直接选择工具适当调整路径，使其完全与图像边缘重合。

STEP 04
定义自定形状

执行"编辑>定义自定形状"命令，在弹出的"形状名称"对话框中默认名称，然后单击"确定"按钮，完成后关闭该文档并回到新建文件中，单击自定形状工具，在选项栏的"自定形状"拾取器中选择刚才定义的形状，设置"不透明度"为30%。

STEP 05
创建形状

单击"创建新图层"按钮 ，新建"图层1"，然后设置前景色为红色（R248、G79、B130），再按住Shift键同时在画面左下方拖动，直接创建花朵形状。完成后继续创建一个较小的花朵。

 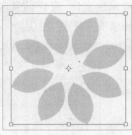 

STEP 06
创建形状路径并
进行自由变换

在形状工具的选项栏中单击"路径"按钮 ，然后按住Shift键的同时拖出形状路径，再按快捷键Ctrl+T弹出自由变换编辑框，拖动编辑框旋转路径的角度，完成后按下Enter键应用变换。

 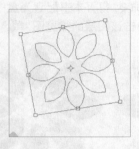

STEP 07
填充路径

单击"路径"面板右方的扩展按钮 ，在弹出的菜单中单击"填充路径"命令，弹出"填充路径"对话框后设置"不透明度"为30%，单击"确定"按钮，完成后单击"路径"面板空白处隐藏路径。

STEP 08
绘制各种不透明
度的花朵

使用相同的方法，结合形状路径和"填充路径"命令，绘制多个不透明度为30%的花朵。然后继续设置其他不透明度，绘制各种形态的花朵。完成后新建"图层2"。

  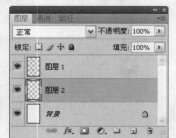

STEP 09

绘制不同的花朵

使用相同的方法，分别设置前景色为紫色（R187、G52、B154）和黄色（R255、G170、B52），结合形状路径和"填充路径"命令，绘制各种不透明度的花朵，其中黄色的花朵绘制在新建的"图层3"中。

STEP 10

添加素材

执行"文件>打开"命令，打开本书配套光盘中的第7章\04\media\163.png文件，使用移动工具将图像拖至当前操作的图像窗口中，得到"图层4"，完成后将花纹图像调整至画面的中心。

STEP 11

填充图像并绘制正圆路径

单击"锁定透明像素"按钮，然后设置前景色为红色（R248、G79、B130）并填充，再单击椭圆工具，在画面的右下方绘制正圆路径。

STEP 12

填充选区

在"路径"面板中单击"将路径作为选区载入"按钮，得到选区后单击渐变工具，然后在"渐变编辑器"中分别设置前面设置的红色和黄色的色标，完成后进行线性渐变填充，最后创建一个较小的正圆选区并填充浅黄色（R254、G250、B238）。

STEP 13
创建路径

打开本书配套光盘中的165.png文件，载入图像选区后单击矩形选框工具 ⬚，将图像选区拖至当前操作的图像窗口中，然后执行"选择>变换选区"命令，适当调整选区的大小和角度，完成后单击"路径"面板中的"从选区生成工作路径"按钮 ⬭，创建路径。

STEP 14
**描边路径并添加
其他素材**

单击画笔工具 ✎，在选项栏中的"画笔"调板中选择"尖角5像素"，设置"间距"为191%，然后单击"用画笔描边路径"按钮 ⬭，创建圆点的描边效果。最后为作品分别添加本书配套光盘中的其他素材，根据画面效果重新填充图像的颜色，复制图像副本，完成作品的制作。

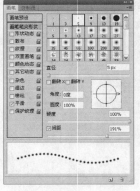

蒙版和通道的应用

本章案例主要学习蒙版和通道的综合应用，并配合图层混合模式、填充工具和滤镜等命令的使用，重点掌握在各种风格的设计作品中灵活运用蒙版和通道的强大功能，让读者体会到整个设计流程，达到一个融会贯通的目的。

本章案例	知 识 点
Works 01 制作渐隐效果图像	图层蒙版
Works 02 制作铁锈材质效果	剪贴蒙版
Works 03 制作异形人像效果	矢量蒙版
Works 04 制作动感模糊效果	编辑图层蒙版
Works 05 制作通道合成图像	通道的种类、"通道"面板
Works 06 制作石纹喷溅效果	将图像保存为 Alpha 通道、载入 Alpha 通道存储的选区
Works 07 制作通道混合效果	计算、应用图像

Works 01 制作渐隐效果图像

任务目标（实例概述）

本实例通过 Photoshop 中的"图层"面板和图层蒙版等配合使用完成。在制作过程中，主要难点在于理解图层蒙版的概念及其运用。重点在于结合填充工具、选区工具的运用，建立和编辑图层蒙版，得到丰富的图层蒙版效果。

光盘路径	原始文件
	第 8 章 \01\media\170.png~173.png，169.jpg
	最终文件
	第 8 章 \01\complete\ 制作渐隐效果图像 .psd

任务向导（知识精讲）

序 号	操作概要	知识点	知识水平
1	为背景和人物添加图层蒙版，以创建渐隐效果	图层蒙版	中级

图层蒙版

蒙版是 Photoshop 中图像编辑的一个重要概念，它是图层上的重要应用，也是通道在图层上的直接表现形式。蒙版控制像素不透明度的方式，将其遮罩，需要时可以重新显示，而不是将其从图像中擦除，这是蒙版最重要的概念。

添加图层蒙版

图层蒙版效果

隐藏图层蒙版

隐藏蒙版的效果

Photoshop 中的蒙版包括快速蒙版、剪贴蒙版、矢量蒙版、图层蒙版。图层蒙版主要用来显示或隐藏图层的部分内容，编辑的同时保留原图像不被破坏。单击"添加图层蒙版"按钮，添加图层蒙版，黑色表示蒙版部分，白色表示被显示部分，灰色表示透明部分。

添加图层蒙版

图层蒙版效果

反相图层蒙版

图层蒙版效果

与矢量蒙版相比较，图层蒙版可以产生羽化效果，也可以使用工具特别是绘制工具编辑，使图像效果更加丰富自然。画笔工具 是常用的绘制图层蒙版的工具，通过它可以灵活地对图像的蒙版区域进行编辑。

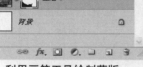

利用画笔工具绘制蒙版

图层蒙版效果

绘制后效果

结合快捷键的使用，快速切换蒙版视图以及停用蒙版、载入蒙版选区等操作。其中按住 Shift 键同时单击图层蒙版缩览图，停用图层蒙版；按住 Alt 键同时单击图层蒙版缩览图，只显示图层蒙版；按住 Ctrl 键的同时单击图层蒙版缩览图，载入图层蒙版的选区。

停用图层蒙版

显示图层蒙版

载入蒙版选区

默认设置时图层和图层蒙版为链接状态，单击缩览图之间的"指示图层蒙版链接到图层"按钮 ，取消图层和图层蒙版的链接，使两者各自独立，便可以分别对图层或图层蒙版进行单独编辑。其他类型的蒙版的操作方法也相同。

单击按钮

取消链接

移动图像不影响蒙版

任务实现（操作步骤）

STEP 01
新建文档并填充
背景

执行"文件>新建"命令，在弹出的"新建"对话框中新建一个14厘米×10厘米的文件，单击"确定"按钮。然后单击渐变工具 ，在"渐变编辑器"中设置色标为白色到黑色，然后对"背景"图层进行线性渐变填充。

STEP 02
添加素材

执行"文件>打开"命令，打开本书配套光盘中第8章\01\media\169.jpg文件，单击移动工具 ，将图像拖移至新建文件中，得到"图层1"。

STEP 03
调整色彩平衡

执行"图像>调整>色彩平衡"命令，在弹出的"色彩平衡"对话框中设置各项参数，完成后单击"确定"按钮，将图像调整为冷色系。

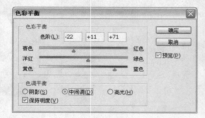

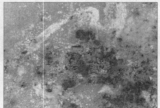

STEP 04
调整图像亮度 /
对比度

执行"图像>调整>亮度/对比度"命令，在弹出的"亮度/对比度"对话框中设置"亮度"为-82，单击"确定"按钮，降低图像的亮度。

STEP 05
添加图层蒙版

单击"图层"面板中的"添加图层蒙版"按钮 ，为"图层1"添加图层蒙版，然后单击渐变工具 ，在"渐变编辑器"中设置色标为黑色、白色和黑色，单击"确定"按钮，完成后在画面中从上至下进行线性渐变的填充，使蒙版效果中透出背景图像。

STEP 06
继续添加素材

打开本书配套光盘中第8章\01\media\170.png文件, 使用移动工具将图像拖移至当前操作的图像窗口中, 得到"图层2", 适当调整图像的位置。

STEP 07
建立选区的图层蒙版

单击套索工具 🔍, 在选项栏中设置"羽化"为15px, 然后在人物周围绘制选区, 完成后单击"添加图层蒙版"按钮 🔲, 为"图层2"建立基于选区的图层蒙版。

STEP 08
高斯模糊图像

复制一个"图层2副本", 然后对副本执行"滤镜>模糊>高斯模糊"命令, 在对话框中设置"半径"为10像素, 单击"确定"按钮, 完成后设置副本图层的混合模式和"不透明度", 使人物图像产生明亮、朦胧的效果。

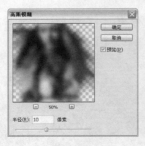

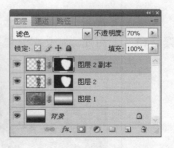

STEP 09
添加镜头光晕

对"图层2"执行"滤镜>渲染>镜头光晕"命令, 在弹出的"镜头光晕"对话框中调整光晕中心, 使"亮度"为130%, 并单击"确定"按钮。

STEP 10

绘制阴影

新建"图层3"，然后单击套索工具 ，设置"羽化"为30px，沿人物周围绘制选区并填充为黑色，创建人物阴影，完成后设置图层的混合模式和"不透明度"，使阴影与背景自然融合。

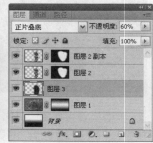

STEP 11

继续添加素材和图层蒙版

打开本书配套光盘中的第8章\01\media\171.png文件，将其添加到当前操作的图像窗口中，得到"图层4"，然后将其调整到"图层3"下面。为"图层4"添加一个图层蒙版，并使用渐变工具渐变填充图层蒙版，然后设置"不透明度"为85%，得到渐隐效果。

STEP 12

添加其他素材和文字元素

最后为作品添加本书配套光盘中的其他素材，完成后使用文字工具在画面上方的空白处添加文字元素，完成作品的制作。

Works 02 制作铁锈材质效果

任务目标（实例概述）

本实例通过 Photoshop 中的剪贴蒙版、图层样式、图层混合模式、光照效果等命令的配合制作完成。在制作过程中，主要难点在于结合剪贴蒙版和图层样式的运用，在限定剪贴蒙版区域内为图像添加样式效果。重点在于掌握剪贴蒙版组的创建和释放，以及理解剪贴蒙版组中各图层的堆叠关系。

光盘路径	原始文件
	第 8 章 \02\media\174.png、175.jpg、176.jpg、177.png
	最终文件
	第 8 章 \02\complete\ 制作铁锈材质效果 .psd

任务向导（知识精讲）

序　号	操作概要	知识点	知识水平
1	为作品添加素材底纹	剪贴蒙版	中级

剪贴蒙版

剪贴蒙版是基于下方图层的图像形状来决定上面图层的显示区域。即下方的图层作为上方图层的剪贴蒙版，作为剪贴蒙版的图层的名称下有下划线，而被蒙版的图层旁出现符号 ↓。

执行"图层 > 创建剪贴蒙版"命令，或者在"图层"面板的快捷菜单中单击"创建剪贴蒙版"命令，即创建一个剪贴蒙版组。快捷方式为按住 Alt 键的同时在两个图层之间单击，释放剪贴蒙版的方法相同。

原图

创建剪贴蒙版

剪贴蒙版的效果

剪贴蒙版可以应用在两个或两个以上的多个图层，即剪贴蒙版组中可以包含多个图层。这些图层必须是相邻且连续的图层，通过底层的原始图层区域来决定上面图层的显示区域。

创建多个剪贴蒙版　　　　　　多个剪贴蒙版的效果

单独移动上层图层的图像位置，图像仍然在下面图层的图像范围内显示。将上层的图层顺序调整到剪贴蒙版组以外的位置，或者按住 Alt 键的同时单击该图层的中间，释放该图层。

移动上层的图层　　　　　　释放剪贴蒙版　　　　　　图像位于剪贴蒙版外

在图层名称旁的灰色区域单击鼠标右键，在弹出的快捷菜单中也包含了"创建剪贴蒙版"命令，选择该命令也可以创建剪贴蒙版。

快捷菜单　　　　　　　　　　剪贴蒙版组

"合并剪贴蒙版"命令将剪贴蒙版组中的所有图层进行合并，并保留剪贴蒙版的效果。

快捷菜单　　　　合并剪贴蒙版　　　　合并剪贴蒙版的效果

 任务实现（操作步骤）

STEP 01

新建文档并新建图层

执行"文件>新建"命令，新建一个10厘米×10厘米的文件，完成后单击"确定"按钮。然后在"图层"面板中单击"创建新图层"按钮 ，新建"图层1"。

STEP 02

创建路径并填充

设置前景色为棕色（R75、G24、B10），单击钢笔工具 ，在画面右方绘制一个类似圆角矩形的闭合路径，完成后切换到"路径"面板，单击"用前景色填充路径"按钮 ，填充路径。

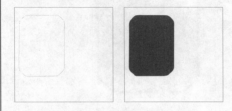

STEP 03

添加图层样式

双击"图层1"，在"图层样式"对话框中分别勾选"外发光"、"内发光"和"描边"复选框，然后在右方面板中分别设置各项参数，注意观察"预览"效果。

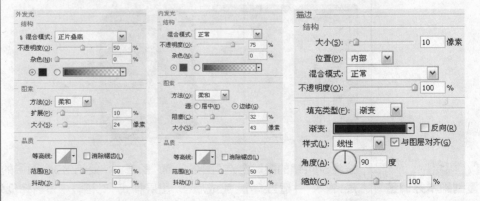

STEP 04

打开素材文件

单击"图层样式"对话框的"确定"按钮，为圆角矩形添加立体效果，执行"文件>打开"命令，打开本书配套光盘中的第8章\02\media\176.jpg文件。

STEP 05

创建剪贴蒙版

使用移动工具将素材拖移至当前操作的图像窗口中，得到"图层2"，然后按住Alt键同时在"图层1"和"图层2"名称之间单击，创建剪贴蒙版，完成后设置"图层2"的图层混合模式为"柔光"。

STEP 06

选择色彩范围并填充选区

执行"选择>色彩范围"命令，设置"颜色容差"为50，然后用吸管在图像中单击设置选择范围，完成后新建"图层3"并填充选区为绿色（R111、G215、B191）。

STEP 07

创建剪贴蒙版

使用前面相同的方法，将"图层3"创建到剪贴蒙版组中，将填充的图像限制在圆角矩形中，并且透出"图层1"的图层样式。

STEP 08

复制副本并调整大小

按住Shift键的同时全选"图层1"至"图层3"，复制这3个图层的副本，然后选择"图层1副本"并适当缩小，完成后在"图层样式"对话框中适当降低外发光效果。

STEP 09
为图像添加图层蒙版效果

选择"图层3副本"并单击"添加图层蒙版"按钮 ，添加图层蒙版后结合选框工具和填充工具的使用，为圆角矩形的四角创建蒙版效果，注意填充的"不透明度"设置为50%。

STEP 10
将图像保存到 Alpha 通道

切换到"通道"面板，单击"创建新通道"按钮 ，创建Alpha1通道，然后切换到176.jpg文件的图像窗口，按快捷键Ctrl+A全选，再使用移动工具将选区图像拖移至作品窗口中，图像保存到Alpha1通道。

STEP 11
添加光照效果

复制"图层3副本"为"图层3副本2"，然后执行"滤镜>渲染>光照效果"命令，在弹出的"光照效果"对话框中拖动光照编辑框，确定光照范围和方向，然后设置"纹理通道"为Alpha1，单击"确定"按钮。

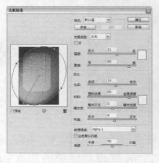 

STEP 12
设置图层混合模式和不透明度

设置"图层3副本2"的图层混合模式为"叠加"，"不透明度"为60%。

STEP 13
添加文字

单击横排文字工具 T，在"字符"面板中设置各项参数，然后在圆角矩形中输入数字，最后设置图层的混合模式为"变暗"，"不透明度"90%。

STEP 14
添加图层样式

双击文字图层，在弹出的"图层样式"对话框中分别勾选"外发光"、"内发光"和"斜面和浮雕"复选框，设置各项参数，观察"预览"效果。

STEP 15
添加文字元素并打开文件

在"图层样式"对话框中单击"确定"按钮，为数字添加内凹的效果，然后继续添加其他文字元素，并添加"描边"图层样式。完成后打开本书配套光盘第8章\02\media\174.png文件。

STEP 16
添加其他素材

使用移动工具将素材文件拖移至当前操作的图像窗口中，添加"投影"图层样式，然后复制几个副本并调整至圆角矩形的四角，完成后继续添加本书配套光盘中的其他素材，根据画面效果为圆元素添加"外发光"图层样式，增强立体感，完成作品的制作。

Works 03 制作异形人像效果

任务目标（实例概述）

　　本实例通过 Photoshop 中的矢量蒙版、钢笔工具、色彩平衡等工具配合完成。在制作过程中，主要难点在于结合钢笔工具和矢量蒙版制作异形区域图像。重点在于掌握矢量蒙版的特点，对蒙版进行熟练地创建和编辑。

光盘路径	原始文件	第 8 章 \03\media\178.jpg～181.jpg、182.png～185.png
	最终文件	第 8 章 \03\complete\ 制作异形人像效果 .psd

任务向导（知识精讲）

序　号	操作概要	知识点	知识水平
1	为人物添加矢量蒙版，保留面部区域	矢量蒙版	中级

矢量蒙版

　　矢量蒙版和剪贴蒙版都是通过图像形状来决定图像的显示区域。所不同的是，矢量蒙版只能作用于当前图层，并且决定图像显示区域的方法也与剪贴蒙版不同。

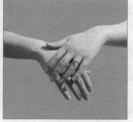

原图　　　　　　　　　　创建矢量蒙版　　　　　　　　矢量蒙版效果

　　创建矢量蒙版主要有两种方式，一种是将当前绘制的路径创建为矢量蒙版，然后执行"图层 > 矢量蒙版 > 当前路径"命令，将路径创建为矢量蒙版。

创建路径　　　　　　将路径创建为矢量蒙版　　　　　矢量蒙版的效果

Photoshop CS4从入门到精通（创意案例版）

　　另一种创建方法是执行"图层 > 矢量蒙版 > 显示全部"命令，为图像创建一个空白的矢量蒙版，然后在蒙版中创建路径。

创建空白的矢量蒙版

在蒙版中创建路径

矢量蒙版的效果

　　在矢量蒙版中创建的形状是矢量图像，因此可以通过钢笔工具和形状工具对矢量图像进行编辑和修改，从而改变矢量蒙版的蒙版区域。

　　矢量蒙版可以栅格为像素的图层蒙版，在矢量蒙版缩览图上单击鼠标右键，在弹出的快捷菜单中单击"栅格化矢量蒙版"命令，将矢量蒙版栅格化为图层蒙版。

编辑矢量蒙版中的路径

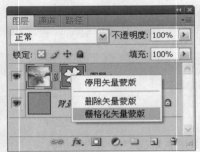
栅格化矢量蒙版

栅格化为图层蒙版

　　为添加矢量蒙版的图层运用图层样式时，根据蒙版的区域添加图层样式，其他图层蒙版的操作方法相同。当在"图层样式"对话框的"混合选项：默认"选项面板中勾选了"矢量蒙版隐藏效果"复选框后，将根据蒙版区域隐藏图层样式的效果。

添加"外发光"图层样式

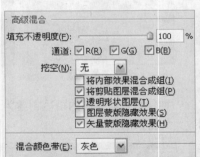
勾选"矢量蒙版隐藏效果"复选框

矢量蒙版隐藏效果

 任务实现（操作步骤）

STEP 01
新建文档并打开
素材

新建一个12厘米×12厘米的文件，执行"文件>打开"命令，打开本书配套光盘中第8
章\03\media\178.jpg文件。

STEP 02
添加素材并设置
不透明度

再打开本书配套光盘中第8章\03\media\179.jpg文件，单击移动工具 ，分别将素
材图像拖移至新建文件中，得到"图层1"和"图层2"，完成后将花纹所在"图层2"的
"不透明度"设置为60%。

STEP 03
添加图层蒙版

单击"添加图层蒙版"按钮 ，为"图层2"添加图层蒙版，然后单击画笔工具 ，
在选项栏的"画笔预设"选取器中设置画笔为"柔角300像素"，完成后使用黑色在图
层蒙版中绘制，保留少量的花纹图像。

STEP 04
继续添加素材

打开本书配套光盘中第8章\03\media\180.jpg文件，将其拖移至当前操作的图像窗口
中，得到"图层3"，按快捷键Ctrl+T调整图像的角度。

调整色彩平衡

对"图层3"执行"图像>调整>色彩平衡"命令，在弹出的"色彩平衡"对话框中设置各项参数，单击"确定"按钮，将图像调整为冷色调。

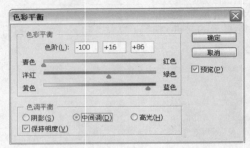

STEP 06
添加矢量蒙版

执行"图层>矢量蒙版>显示全部"命令，为"图层3"添加矢量蒙版，然后单击钢笔工具，沿人物的五官绘制闭合路径，路径外区域被遮住。

STEP 07
添加素材并调整
色彩平衡

打开本书配套光盘中第8章\03\media\181.jpg文件，拖移至当前操作的图像窗口中，得到"图层4"，执行"图像>调整>色彩平衡"命令，将图像同样调整为冷色调。

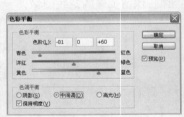

STEP 08
添加矢量蒙版

使用相同的方法，为"图层4"添加一个矢量蒙版，使用钢笔工具沿人物五官绘制闭合路径，蒙版中保留人物的五官。

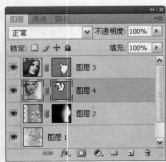

STEP 09

调整图像亮度/对比度

对"图层4"执行"图像>调整>亮度/对比度"命令,在弹出的"亮度/对比度"对话框中设置各项参数,单击"确定"按钮,调整图像的亮度和对比度。

STEP 10

载入选区并渐变填充选区

新建"图层5",按住Ctrl键同时单击"图层3"的矢量蒙版缩览图,载入蒙版选区,再单击渐变工具■,在"渐变编辑器"中设置色标为蓝色(R0、G133、B188),完成后从上至下填充选区,设置图层混合模式为"正片叠底"。

STEP 11

添加素材并调整大小

使用相同的方法,新建"图层6",载入"图层4"的蒙版选区并进行渐变填充。完成后打开本书配套光盘中第8章\03\media\182.png文件,将其拖移至作品中,得到"图层7",按快捷键Ctrl+T适当调整图像。

STEP 12

填充图像并添加图层蒙版

单击"锁定透明像素"按钮□,锁定"图层7"的透明像素,然后设置前景色为蓝色(R0、G133、B188),按快捷键Alt+Delete填充,完成后使用与前面相同的方法,结合渐变工具为图层添加图层蒙版效果。

STEP 13
**复制素材并继续
添加其他素材**

按快捷键Ctrl+J复制"图层7"为"图层7副本"，然后将副本图像调整至画面的右方，最后为作品添加本书配套光盘中的其他素材，注意根据画面效果调整好纹理图案的大小和位置，完成作品的制作。

Works 04　制作动感模糊效果

任务目标（实例概述）

本实例通过 Photoshop 中的图层蒙版、选区工具、滤镜等命令的配合使用完成。在制作过程中，主要难点在于结合选区工具和滤镜，为图层蒙版创建独特的蒙版效果。重点在于理解图层蒙版的蒙版原理。

光盘路径

原始文件
第 8 章 \04\media\186.jpg~188.jpg、189.png

最终文件
第 8 章 \04\complete\ 制作动感模糊效果 .psd

任务向导（知识精讲）

序　号	操作概要	知识点	知识水平
1	在图层蒙版中创建选区并添加滤镜效果	编辑图层蒙版	高级

编辑图层蒙版

　　图层蒙版的编辑主要通过图层蒙版的快捷菜单来执行。右击图层蒙版的缩览图，弹出图层蒙版的快捷菜单，可对图层蒙版进行停用、删除、应用、添加图层蒙版到选区等操作。结合"图层"菜单中的"图层蒙版"子菜单中的命令，显示、隐藏、取消图层蒙版的链接等操作。

停用图层蒙版 —— ❶
删除图层蒙版 —— ❷
应用图层蒙版 —— ❸
添加图层蒙版到选区 —— ❹
从选区中减去图层蒙版 —— ❺
使图层蒙版与选区交叉 —— ❻
图层蒙版选项...

图层蒙版的快捷菜单

❶ **停用图层蒙版**：暂时隐藏图层蒙版的效果，还原图像的原始效果。再次执行该命令，启用图层蒙版。快捷方式为按住 Shift 键同时单击图层蒙版的缩览图。

❷ **删除图层蒙版**：清除当前图层的图层蒙版。

❸ **应用图层蒙版**：将图层蒙版的蒙版效果应用到图像中，同时删除该图层蒙版。

原图

添加图层蒙版

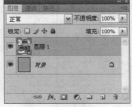

应用图层蒙版

图层蒙版的效果

Photoshop CS4从入门到精通（创意案例版）

❹添加图层蒙版到选区：创建选区后，应用该命令将图层蒙版的选区添加到创建的选区。

载入图层蒙版的选区　　载入选区的效果　　创建选区　　将图层蒙版选区添加到选区

❺从选区中减去图层蒙版：从当前选区中减去图层蒙版的选区。

❻使图层蒙版与选区交叉：当前创建的选区与图层蒙版的选区相交，保留相交部分而删除不相交的选区部分。快捷方式为按住 Shift+Ctrl+Alt 键的同时单击图层蒙版的缩览图。

通过"图层"面板还可以编辑图层蒙版的链接状态、替换蒙版、显示蒙版等操作。这里主要介绍替换图层蒙版的操作方法。

原图层的图层蒙版　　图层蒙版的效果

替换图层蒙版是将选定的图层蒙版替换其他图像的图层蒙版的功能。在"图层"面板中将选定的图层蒙版直接拖移至需要替换的图层蒙版中，当该图层出现黑色的外框时释放鼠标，弹出询问对话框后单击"是"按钮，即替换该图层的蒙版。

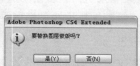

替换图层蒙版　　"询问"对话框　　替换后删除原图层的图层蒙版　替换蒙版的效果

按住 Alt 键的同时执行上述操作，在替换图层蒙版的同时保留提供的替换图层蒙版，即直接将原图层的图层蒙版复制到其他图层。

替换图层蒙版　　图层蒙版的效果

图层蒙版中同样可以应用滤镜、图层样式等，从而创建独特的蒙版效果。其中在"图层样式"对话框中的"混合选项：默认"选项面板中勾选"图层蒙版隐藏效果"复选框，图层样式效果限制在蒙版的显示区域内。

添加"外发光"图层样式

外发光

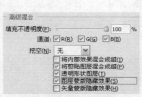
勾选"图层蒙版隐藏效果"

图层样式被限制

在图层蒙版中结合滤镜的应用，可以创建独特的蒙版效果，常用的滤镜有模糊滤镜、纹理滤镜等。比如结合渐变工具和纹理类滤镜，可以创建纹理过渡的混合效果。结合画笔工具和模糊工具，可以修饰画笔绘制的蒙版边缘，使其更加自然。

渐变工具填充图层蒙版

图层蒙版的效果

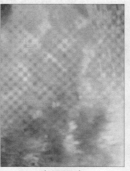
半调图案

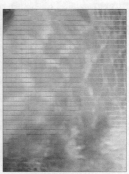
拼缀图

画笔工具绘制图层蒙版

图层蒙版的效果

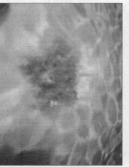
高斯模糊

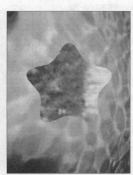
应用"色阶"命令调整边缘

任务实现（操作步骤）

STEP 01
新建文档并打开素材

新建一个14厘米×10.4厘米的文件，完成后单击"确定"按钮。然后执行"文件>打开"命令，打开本书配套光盘中第8章\04\media\186.jpg文件。

STEP 02
线性渐变填充图层蒙版

单击"添加图层蒙版"按钮 ，为"图层1"添加图层蒙版，然后单击渐变工具 ，在"渐变编辑器"中设置渐变预设为白色到黑色，完成后从上至下对图层蒙版进行线性渐变的填充。

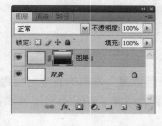

STEP 03
添加素材图像

打开本书配套光盘中第8章\04\media\187.jpg文件，然后按快捷键Ctrl+J复制"背景"图层为"图层1"，完成后单击"添加图层蒙版"按钮 ，为"图层1"添加图层蒙版。

STEP 04
添加蒙版效果

单击画笔工具 ，在 "画笔预设"选取器中设置画笔为"尖角19像素"，"主直径"为95px，然后使用黑色在图层蒙版中沿人物绘制，蒙版背景。

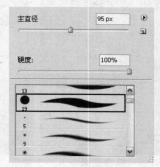

STEP 05

添加人物图像

单击移动工具 ，将"图层1"拖动至当前操作图像窗口中，得到"图层2"，链接的图层蒙版同样添加到图像中，完成后选择图层蒙版。

STEP 06

创建选区并添加滤镜

单击套索工具 ，在选项栏中设置"羽化"为20px，然后沿人物轮廓绘制选区，完成后执行"滤镜>纹理>颗粒"命令，在弹出的"颗粒"对话框中设置各项参数，然后单击"确定"按钮，对选区蒙版颗粒化。

STEP 07

调整色阶

按快捷键Ctrl+L，弹出"色阶"对话框，分别设置各项参数，完成后单击"确定"按钮，增强选区蒙版的色阶对比度。

STEP 08

模糊选区蒙版

执行"滤镜>模糊>动感模糊"命令，在弹出的"动感模糊"对话框中设置"距离"为20像素，单击"确定"按钮，对选区蒙版进行动感模糊。

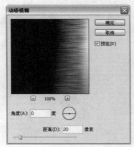

STEP 09

继续添加素材

打开本书配套光盘中第8章\04\media\188.jpg文件，然后使用移动工具将其添加到作品中，得到"图层3"，完成后将图像调整至画面左方。

STEP 10

添加图层蒙版并创建选区

使用前面相同的方法，为"图层3"添加一个图层蒙版，只保留人物部分，完成后使用套索工具沿人物轮廓创建选区。

STEP 11

将图层蒙版动感模糊

对"图层3"的图层蒙版执行"滤镜>模糊>动感模糊"命令，在弹出的"动感模糊"对话框中设置"距离"为43像素，单击"确定"按钮。

STEP 12

添加镜头光晕

对"图层2"执行"滤镜>渲染>镜头光晕"命令，在弹出的"镜头光晕"对话框中设置"亮度"为122%，单击"确定"按钮。完成后使用套索工具选取人物面部，然后按快捷键Shift+Ctrl+I反向选取。

STEP 13
对选区添加镜头
光晕

对选区图像执行"滤镜>渲染>镜头光晕"命令,在弹出的"镜头光晕"对话框中将光晕中心拖动至人物的另一侧,单击"确定"按钮,完成后按快捷键Ctrl+D取消选择。

STEP 14
添加镜头光晕

使用相同的方法,在"图层3"的人物右方添加一个镜头光晕。

STEP 15
继续添加素材

打开本书配套光盘中第8章\04\media\189.png文件,将其添加到作品中,得到"图层4",然后将其图层调整到"图层3"的下面。

STEP 16
渐变填充蒙版并
添加素材

使用前面相同的方法,为"图层2"的图层蒙版继续进行渐变填充,使图像产生渐隐效果,最后添加一些图像和文字元素,完成作品的制作。

Works 05　制作通道合成图像

任务目标（实例概述）

本实例通过 Photoshop 中的"通道"面板、单色通道，结合选择和复制等命令配合制作完成。在制作过程中，主要难点在于将单色通道复制到其他文件的单色通道中，创建独特的通道合成效果。重点在于掌握单色通道的特点以及混合不同的通道得到不同的效果。

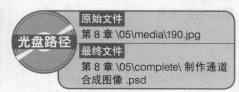

光盘路径

原始文件
第 8 章 \05\media\190.jpg
最终文件
第 8 章 \05\complete\ 制作通道合成图像 .psd

任务向导（知识精讲）

序　号	操作概要	知识点	知识水平
1	单击"红"通道，观察该通道的色阶对比度	通道的种类	高级
2	将"绿"通道的图像拖移至当前图像的"红"通道中	"通道"面板	高级

1. 通道的种类

通道大致可以分为 3 类：保存图像颜色基本信息的单色通道、保存选区的 Alpha 通道，以及用于在打印输出其他颜色而应用在图像中的专色通道。此外，在图像的操作中还会出现临时通道。这些通道一起组成了图像的复合通道。单击各通道右方显示的快捷键切换到对应的通道。

原图

显示通道后的图像

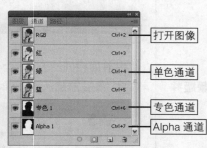

"通道"面板

单色通道：该通道和 Alpha 通道是 Photoshop 中最为常用的两种通道类型。它保存了图像颜色的基本信息，不同的图像颜色模式显示在通道面板中的通道数量也不同，一般都由复合通道和下面的基本单色通道组成。其中 RGB 模式下显示 RGB、红、绿、蓝 4 个通道，CMYK 模式下显示 CMYK、青色、洋红、黄色、黑色 5 个通道，灰色模式下显示灰色一个通道，Lab 模式下显示 Lab、明度、a、b 4 个通道。

RGB 颜色通道

CMYK 颜色通道

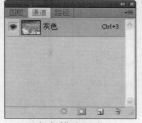
灰色模式通道

Lab 颜色通道

Alpha 通道：该通道是在颜色通道中新创建的通道，主要用于在创建、删除、编辑图像的选区时，不会对图像的颜色产生影响。该知识点将在以后的案例中详细讲解。

专色通道：需要在图像中创建用于替代或补充印刷色油墨，比如金色、银色等，以得到精良的印刷效果，必须创建一个对应的专色通道。通过"通道"面板快捷菜单中的"新建专色通道"命令，建立新的专色通道。

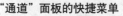
"通道"面板的快捷菜单

新建专色通道

建立专色通道的图像

临时通道：该通道是在"通道"面板中临时存在的一种通道。通常在选择一个具有图层蒙版的图层时，会在"通道"面板的颜色通道下出现一个相对应的临时通道。当删除图像蒙版或选择其他不具有图层蒙版的图层时，临时通道将消失。此外，进入快速蒙版时也会生成一个对应的临时通道，退出快速蒙版后该通道消失。

具有图层蒙版的图层

"通道"面板的临时通道

进入快速蒙版时的临时通道

2."通道"面板

创建和编辑通道的操作主要通过"通道"面板来实现。该面板在默认工作区中和"图层"面板、"路径"面板组合在一个面板中，位于工作区的右下方。执行"窗口 > 通道"命令，打开"通道"面板，显示当前图像的通道信息。

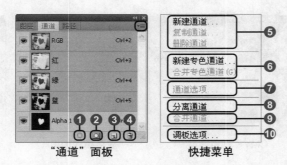

"通道"面板　　　　　快捷菜单

❶ **将通道作为选区载入**：将通道中的图像区域转换为选区，和执行"选择 > 载入选区"命令相同，或者将 Alpha 通道拖动到"将通道作为选区载入"按钮 处。

❷ **将选区存储为通道**：将图像中的选区存储为通道，和执行"选择 > 存储选区"命令相同。

❸ **创建新通道**：创建新的通道或者复制通道。

❹ **删除当前通道**：删除选定的通道。

❺ 新建、复制、删除通道的基本操作。其中"复制通道"命令通过"复制通道"对话框，设置复制通道至哪个目标文件，以及是否对通道进行反相等。

"复制通道"对话框

❻ 对专色通道进行新建、合并等基本操作。

❼ **通道选项**：通过"通道选项"对话框设置 Alpha 通道的各选项。其中"色彩指示"选项用于设置颜色表示的是被蒙版区域、所选区域或者专色；"颜色"选项设置通道的颜色的不透明度。当前通道为专色通道时，弹出"专色通道选项"对话框，用于设置专色通道的颜色和油墨密度的百分比。

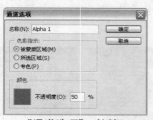

"通道选项"对话框　　　　　"专色通道选项"对话框

❽ **分离通道**：将图像的各个通道分离为独立的单色通道。

❾ **合并通道**：通过"合并通道"对话框将分离的通道重新合并。其中"模式"选项设置合并通道的模式为"RGB 通道"、"多通道"等，设置不同的模式将指定不同的合并通道。

"合并通道"对话框　　　　　多通道　　　　　RGB 颜色

❿ **调板选项**：通过"通道调板选项"对话框设置通道缩览图大小。

任务实现（操作步骤）

STEP 01
新建文档并填充背景

执行"文件>新建"命令，在弹出的"新建"对话框中新建一个15厘米×10厘米的文件，单击"确定"按钮，完成后设置前景色为浅黄色（R254、G243、B221），按快捷键Alt+Delete填充"背景"图层。

STEP 02
打开素材并选择"红"通道

执行"文件>打开"命令，打开本书配套光盘中第8章\05\media\190.jpg文件，然后切换到"通道"面板，单击"红"通道，显示该通道的同时隐藏其他通道，观察该通道的色阶对比度较强。

STEP 03
调整画布大小

执行"图像>画布大小"命令，在弹出的"画布大小"对话框中设置各项参数，完成后单击"确定"按钮，使画布向左扩展。

STEP 04
添加素材并设置图层混合模式

按快捷键Ctrl+A全选图像，然后单击移动工具，将选区图像拖动至新建文档的图像窗口中，得到"图层1"，设置图层混合模式为"正片叠底"，最后将图像调整到画布大小。

STEP 05
复制副本

按住Alt键的同时将图像向右拖移，复制一个"图层1副本"。

STEP 06
选择单色通道

单击"图层1"前的"指示图层可视性"按钮 👁，隐藏该图层，然后切换到"通道"面板，单击"红"通道，再切换到素材图像，保留全选状态，单击通道中的"绿"通道。

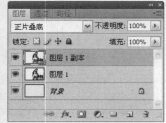

STEP 07
将单色通道中的图像拖动到其他通道中

使用移动工具将"绿"通道的图像拖移至当前操作图像中的"红"通道中，由于只显示了单色通道，画面呈黑白效果。

STEP 08
调整通道图像

按快捷键Ctrl+T弹出自由变换编辑框，在编辑框单击鼠标右键，在弹出的快捷菜单中单击"水平翻转"命令，并将通道图像调整到画面的左方，完成后按下Enter键应用变换。最后显示"图层1"。

STEP 09
调整曲线

对"图层1"执行"图像>调整>曲线"命令，在弹出的"曲线"对话框中的"预设"下列列表中选择"中对比度"，单击"确定"按钮，增强图像的色阶对比度。

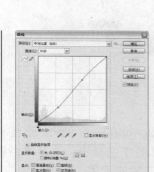

STEP 10
添加文字元素

单击横排文字工具 T ,在"字符"面板中设置各项参数,然后在画面中心位置输入文字,注意根据画面的颜色将文字设置为不同的颜色,突出文字效果。

STEP 11
复制选区图像至新图层

单击"图层1副本",然后按住Ctrl键同时单击文字图层缩览图,载入文字选区,再按快捷键Ctrl+J基于选区复制"图层1副本"的图像,得到"图层2",完成后设置其图层混合模式为"差值"。

STEP 12
调整文字

按快捷键Ctrl+T,弹出自由变换编辑框,适当调整复制文字的大小,使画面构图更加合理,完成作品的制作。

Works 06 制作石纹喷溅效果

 任务目标（实例概述）

本实例通过 Photoshop 中的 Alpha 通道和复制、粘贴命令等配合使用完成。在制作过程中，主要难点在于将图像保存到 Alpha 通道中，结合滤镜的运用，创建独特的图像选区。重点在于掌握载入 Alpha 通道存储的选区，并将其运用到图像的创建和复制等操作中。

光盘路径

原始文件
第 8 章 \06\media\191.jpg、192.png、193.png

最终文件
第 8 章 \06\complete\ 制作石纹喷溅效果 .psd

 任务向导（知识精讲）

序　号	操作概要	知识点	知识水平
1	将选区图像粘贴到通道中	将图像保存为 Alpha 通道	高级
2	载入通道选区，并在"图层"面板填充选区	载入 Alpha 通道存储的选区	高级

1. 将图像保存为 Alpha 通道

Alpha 通道是 Photoshop 中使用最多的通道类型之一，主要用于创建、删除、编辑以及保存图像中一些较复杂的选区，但不会对图像的颜色产生影响。默认状态下新建的 Alpha 通道为黑色，即被蒙版的区域。Alpha 通道的原理和图层蒙版的原理相同，即黑色表示蒙版区域，白色表示显示区域，灰色表示透明区域。Alpha 通道可以结合蒙版的使用，轻松制作出需要的选区。

新建 Alpha 通道

绘制通道

载入通道的选区

通道作为选区一个很好的载体，作用是保存并编辑选区。通常情况下，将选区保存至 Alpha 通道中，可以在保留选区的同时不破坏原图像的各通道。创建的选区可以通过单击"将选区存储为通道"按

钮 ■，创建为 Alpha 通道。

创建选区

单击"将选区存储为通道"按钮

创建基于选区的 Alpha 通道

除了选区还可以将图像或某个通道直接保存到 Alpha 通道中，从而创建基于图像色阶的独特选区。需要注意的是，将选区图像拖动至"通道"面板，图像将添加到当前选择的通道中，且可以对选区图像进行自由变换，不受通道区域的影响。

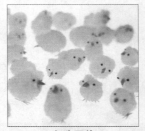
全选图像

将选区图像拖移至 Alpha 通道

Alpha 通道的效果

若无法直接将图像拖动至 Alpha 通道中，可以将某个单色通道拖动至 Alpha 通道中，将自动创建新的 Alpha 通道，通道图像的区域以初次拖入通道的图像区域为准。

选择单色通道

将单色通道拖移至 Alpha 通道

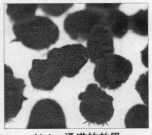
Alpha 通道的效果

2. 载入 Alpha 通道存储的选区

选区和 Alpha 通道可以直接相互转换，默认设置下载入的 Alpha 通道选区为通道中的白色区域和灰色区域，而黑色区域将不作为选区载入。单击"将通道作为选区载入"按钮 ○，或者按住 Ctrl 键的同时单击通道缩览图，载入 Alpha 通道的选区。

单击按钮 ○

载入 Alpha 通道选区

任务实现（操作步骤）

STEP 01

打开文档并复制选区图像

执行"文件>打开"命令，分别打开本书配套光盘中第8章\06\media\191.jpg和192.png文件。然后在192.png文件的图像窗口中按快捷键Ctrl+A全选，再按快捷键Ctrl+C复制选区图像。

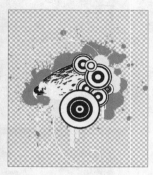

STEP 02

新建通道并粘贴选区

切换到191.jpg图像窗口中，在"通道"面板中单击"创建新通道"按钮，创建Alpha 1，然后按快捷键Ctrl+V将选区图像粘贴到通道中，再按快捷键Ctrl+T调整通道图像，最后复制一个"Alpha 1副本"。

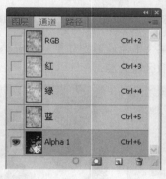

STEP 03

高斯模糊通道

对"Alpha 1副本"执行"滤镜>模糊>高斯模糊"命令，在弹出的对话框中设置"半径"为15像素，完成后单击"确定"按钮。

STEP 04

对通道添加滤镜

对"Alpha 1副本"执行"滤镜>艺术效果>干画笔"命令，在弹出的对话框中设置各项参数，完成后单击"确定"按钮。

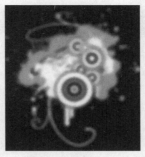

STEP 05
调整通道的色阶

复制"Alpha 1副本"为"Alpha 1副本2",然后按快捷键Ctrl+L,弹出"色阶"对话框,拖动各种滑块调整通道的色阶,单击"确定"按钮。

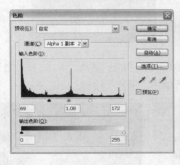

STEP 06
载入通道选区并
填充

单击"将通道作为选区载入"按钮 ，载入通道选区,然后切换回"图层"面板并新建"图层1",再设置前景色为褐色(R186、G114、B16),并按快捷键Alt+Delete填充选区,最后设置混合模式和"不透明度"。

STEP 07
复制通道并添加
滤镜效果

复制"Alpha 1副本"为"Alpha 1副本3",然后对"Alpha 1副本3"执行"滤镜>其他>最大值"命令,在弹出的对话框中设置"半径"为6像素,完成后单击"确定"按钮,扩展通道图像。

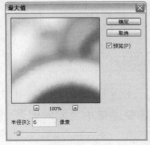

STEP 08
添加绘画涂抹滤镜效果

对"Alpha 1副本3"执行"滤镜>艺术效果>绘画涂抹"命令，在弹出的对话框中设置"画笔类型"为"宽锐化"，然后设置其他各项参数，完成后单击"确定"按钮，进一步锐化图像边缘。

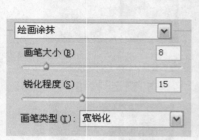

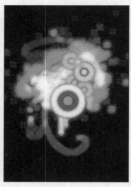

STEP 09
调整图像的色阶

使用前面相同的方法，按快捷键Ctrl+L弹出"色阶"对话框，适当调整图像的色阶，增强图像的颜色对比度，完成后单击"确定"按钮。

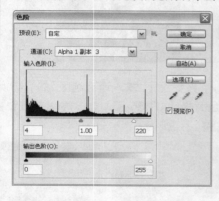

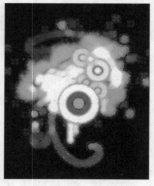

STEP 10
载入通道选区并填充

使用前面相同的方法，载入"Alpha 1副本3"的通道选区，返回"图层"面板，新建"图层2"，设置前景色为褐色（R166、G131、B87），对选区进行填充，完成后设置图层的混合模式为"正片叠底"。

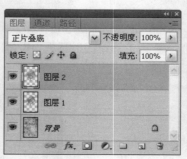

STEP 11
复制单色通道并调整色阶

隐藏"图层1"和"图层2"并切换到"通道"面板，然后单击"蓝"通道并复制一个"蓝副本"，再通过"色阶"对话框调整通道的色阶对比度，使通道图像的边缘清晰，完成后单击"确定"按钮。

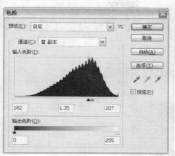

STEP 12
载入通道选区并复制选区图像

再次打开"色阶"对话框,调整通道的色阶,使图像中保留很少的白色区域,完成后载入通道选区并切换回"图层"面板,单击"背景"图层,并按快捷键Ctrl+J复制选区图像到新图层,最后将该图层调整为置顶层。

STEP 13
制作文字的喷溅效果

打开本书配套光盘中第8章\06\media\193.png文件,使用与前面相同的方法,制作文字的喷溅效果,复制的背景图像始终保持在置顶层。

STEP 14
裁剪图像

单击裁剪工具,沿主体图像拖出裁剪编辑框,适当调整构图后按Enter键应用,最后根据画面效果适当降低"图层2"的"不透明度",突出主体图像的清晰度,完成作品的制作。

Works 07 制作通道混合效果

 任务目标（实例概述）

　　本实例运用 Photoshop 中应用图像、计算等命令的配合使用制作完成。在制作过程中，主要难点在于理解应用图像和计算中各通道的混合原理和混合蒙版的应用。重点在于熟练掌握不同的图像之间以及同一个图像中，不同通道应用图像和计算的操作。

光盘路径

原始文件
第 8 章 \07\media\a.jpg ～ 195.jpg

最终文件
第 8 章 \07\complete\ 制作通道混合效果 .psd

 任务向导（知识精讲）

序　号	操作概要	知识点	知识水平
1	计算 a.jpg 和 b.jpg 文件的"红"通道，制作独特的选区	计算	高级
2	在 Alpha 2 通道中应用图像	应用图像	高级

1. 计算

　　使用"计算"命令可以将两个来自一个或多个源图像的单个通道混合，从而将计算结果应用到新图像或新通道中。或者在当前图像的选区中，得到独特的图像合成效果。"计算"命令只能创建新的黑白通道、选区或图像文件，不能创建彩色图像。执行"图像 > 计算"命令，弹出"计算"对话框，通过该对话框选择两个通道的混合方式。

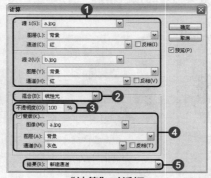

"计算"对话框

❶ 源 1/ 源 2：设置进行计算的源图像，可以为同一个源图像也可以为不同的源图像。然后分别设置源图像的哪个图层和通道进行计算，并且是否对图像反相。

源 1　　　　　　　　源 2

设置"源 1"和"源 2"

计算的效果

在源 1 文件中新建通道

❷ 混合：定义计算中的混合方式。

❸ 不透明度：决定"源 1"中图层的不透明度，影响计算效果的强度。

❹ 蒙版：勾选该复选框，通过单色通道、Alpha 通道、图像的透明区域或选区来决定"源 2"中图层和通道的计算区域，使"源 2"中图层和通道的部分区域不受计算的影响。

以源 2 图像作为蒙版　　　计算的效果 1　　　以源 1 图像作为蒙版　　　计算的效果 2

❺ 结果：设置计算的结果为基于当前操作的文件生成新的文档、新的通道或选区。

2. 应用图像

"应用图像"命令是指定单个源即单个文件，将其图层和通道计算后应用在当前选定的图像上。主要是针对单个源的图层和通道的混合方式，同时可以为这个源添加一个蒙版的计算方式。"应用图像"和"计算"的区别还在于，前者可以产生彩色图像并应用到图像中，不产生新的通道。

通常情况下，为图像设置另一个反差较大的图像作为源，可以得到明显的应用图像效果。执行"图像 > 应用图像"命令，弹出"应用图像"对话框。

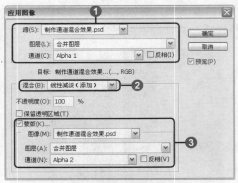

"应用图像"对话框

❶ **源**：设置进行计算并应用在当前图像中的源图像，以及源的哪个图层和通道进行计算。

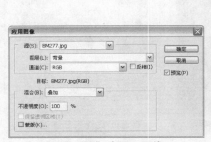　　

设置"源"为同一图像　　　应用图像的效果　　　应用图像不产生新通道

设置"源"为其他图像　　　应用图像的效果

❷ **混合**：设置图层和通道的混合模式。

❸ **蒙版**：设置作为应用图像的蒙版图像，以及它的计算方式。

添加蒙版　　　应用图像的效果

 任务实现（操作步骤）

STEP 01
打开文件

执行"文件>打开"命令，打开本书配套光盘中第8章\07\media\a.jpg和b.jpg文件。

STEP 02
计算图像

执行"图像>计算"命令，在弹出的"计算"对话框中分别设置"源1"和"源2"，然后勾选"蒙版"复选框，设置蒙版图像，完成后单击"确定"按钮，在a.jpg文件的通道中新建Alpha 1。

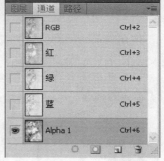

STEP 03
复制选区图像

按住Ctrl键的同时单击Alpha 1通道的缩览图，载入该通道选区，然后单击RGB复合通道，选择所有的通道，再切换回"图层"面板，按快捷键Ctrl+J基于选区复制"背景"图层到新的图层，得到"图层1"，完成后打开本书配套光盘中第8章\07\media\194.jpg文件。

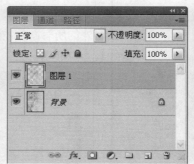

STEP 04
设置混合模式

单击移动工具，将"图层1"的图像拖动至文件中，得到"图层1"，然后设置图层的混合模式为"线性光"。

STEP 05
计算图像

切换回b.jpg文件的图像窗口，执行"图像>计算"命令，在弹出的"计算"对话框中重新设置"源1"和"源2"，完成后单击"确定"按钮，在b.jpg文件的通道中新建Alpha 1。

STEP 06
设置混合模式

使用与前面相同的方法，在b.jpg文件的"图层"面板中基于选区复制"背景"图层到"图层1"，然后将该图层拖动至138.png文件的图像窗口中，得到"图层2"，完成后设置图层的混合模式为"线性减淡"。

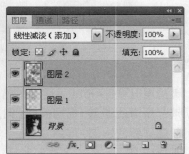

STEP 07
复制图层副本

按快捷键Ctrl+J复制"图层2"为"图层2副本"，增强"线性减淡"的混合效果，完成后隐藏除"背景"图层外的所有图层，再切换到"通道"面板，单击"创建新通道"按钮，新建Alpha 1。

STEP 08
将图像粘贴到
Alpha 通道

切换到a.jpg文件的图像窗口并选择"背景"图层，分别按快捷键Ctrl+A和Ctrl+C，全选并复制图像，然后切换回194.jpg文件，按快捷键Ctrl+V将选区图像粘贴到Alpha 1通道中，完成后使用相同的方法，将b.jpg图像粘贴到新建的Alpha 2通道中。

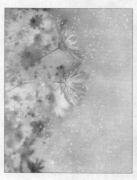

STEP 09
对通道应用图像

选择Alpha 2通道并执行"图像>应用图像"命令，在弹出的"应用图像"对话框中设置"通道"为Alpha 1，勾选"蒙版"和"反相"复选框，然后单击"确定"按钮，在Alpha 2通道中应用了图像。

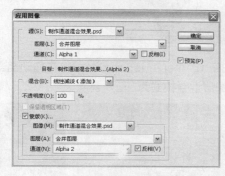

STEP 10
复制选区图像到
新图层

使用相同的方法，载入Alpha 2通道的选区并切换回"图层"面板，选择"背景"图层并按快捷键Ctrl+J，复制选区图像到"图层3"，完成后将"图层3"调整到置顶层并设置图层混合模式为"叠加"。

STEP 11
添加图层蒙版

单击"添加图层蒙版"按钮，为"图层3"添加图层蒙版，然后单击画笔工具，在选项栏的"画笔预设"选取器中选择一个较柔和的画笔，然后使用黑色在蒙版中绘制，保留人物图像，使花朵还原亮色。

STEP 12
为其他图层添加
图层蒙版

继续为其他图层添加图层蒙版效果，以减弱画面中亮色的花朵，从而使整个画面色调统一。

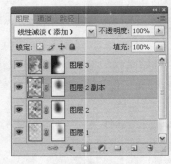 

STEP 13
添加素材

打开本书配套光盘中第8章\07\media\195.jpg文件，将其拖动至当前操作的图像窗口中，得到"图层4"，设置图层混合模式为"正片叠底"。

 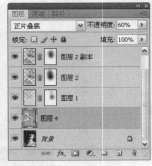 

STEP 14
添加文字元素

使用与前面相同的方法，为"图层4"添加一个图层蒙版，隐藏人物眼周围的花纹，然后单击横排文字工具[T]，在画面右下方添加文字元素，完成本实例的制作。

 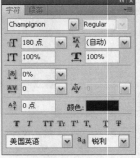 

滤镜的综合应用

本章案例通过使用各种类型的滤镜，主要让读者了解并熟悉各种滤镜的特点和使用方法，包括抽出、液化、素描、扭曲、纹理化、艺术效果等滤镜。合理地运用这些滤镜并在作品中添加一些设计元素，制件出完整的设计作品。

本章案例	知 识 点
Works 01 制作素描剪影效果	图案生成器、抽出、素描滤镜
Works 02 制作水质花朵	液化
Works 03 制作油画效果	杂色滤镜、画笔描边滤镜、扭曲滤镜
Works 04 制作像素纹理的合成图像	纹理滤镜、像素化滤镜
Works 05 制作艺术效果图像	艺术效果滤镜

Works 01　制作素描剪影效果

 ## 任务目标（实例概述）

本实例通过 Photoshop 中的图案生成器、抽出、素描滤镜等配合制作完成。在制作过程中，主要难点在于使用图案生成器将创建的图像生成为图案，以及对图像进行快速抽出。重点在于掌握滤镜中素描滤镜的使用方法，以及各项参数的特性。

| 光盘路径 | 原始文件
第 9 章 \01\media\196.png、197.jpg~199.jpg、200.png、图案 .psd |
| | 最终文件
第 9 章 \01\complete\ 制作素描剪影效果 .psd |

 ## 任务向导（知识精讲）

序　号	操作概要	知识点	知识水平
1	将创建的矩形生成图案	图案生成器	高级
2	将人物从背景中抽出	抽出	高级
3	对人物皮肤添加素描效果	素描滤镜	高级

1. 图案生成器

通过将取样区域的图像样本重新拼贴生成一种或多种新的随机图案。拼贴图案的尺寸从 1x1 像素到整个图像。当拼贴图案比当前图像小，图案就以填充整个图像的多个拼贴排列组合而成。拼贴图案与当前图像大小相等，图案就以拼贴图案填充整个图像。执行"滤镜 > 图案生成器"命令，弹出"图案生成器"对话框。

"图案生成器"对话框

❶ **矩形选框工具** ：创建预览图中的取样选区。

❷ **缩放工具** ：单击鼠标放大或缩小（按住 Alt 键）预览图。

❸ **抓手工具** ：拖动鼠标移动图像预览图。

❹ **使用剪贴板作为样本**：将图案样本设置为剪贴板内容。

❺ **使用图像大小**：使用图像大小作为拼贴大小。

❻ **宽度 / 高度**：设置创建拼贴图案块的宽度 / 高度。

❼ **位移**：设置拼贴图案块位移的方向。

❽ **数量**：设置拼贴图案的位移数量。

❾ 控制拼贴图案内边界的突出程度，平滑度越高，突出程度越低；样本细节越高，突出程度越高，边界越细化。

❿ **预览**：控制预览的显示方式。其中"显示"的下拉列表定义显示原稿或效果；勾选"拼贴边界"复选框显示平铺边界，并且通过单击颜色缩览图更改边界颜色。

⓫ **拼贴历史记录**：显示并加载生成图案的历史记录。其中"更新图案预览"定义每生成一次图案将在预览区域中更新显示；单击"存储预设图案"按钮 ，定位要存储的拼贴；单击"从历史纪录中删除拼贴"按钮 ，将删除当前预览区中显示的拼贴。

通过"图案生成器"对话框单击"再次生成"按钮，重复生成随机图案，并加载到"拼贴历史记录"选项中，通过在记录的图案中切换，选择适合的图案，最后单击"确定"按钮。

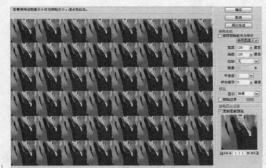

单击"生成"按钮后转换为"再次生成"按钮

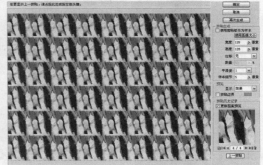

重复生成图案后激活"拼贴历史记录"选项

2. 抽出

该命令主要用于将对象从复杂的背景图像中抽取出来，对象将丢失源于背景颜色的边缘像素。执行"滤镜 > 抽出"命令，弹出"抽出"对话框。

"抽出"对话框

Photoshop CS4从入门到精通（创意案例版）

❶**创建用于抽出的边缘高光工具**：结合"预览"按钮预览抽出效果。其中边缘高光器工具 用于创建以高光显示的边界，并将对象从背景中提取；填充工具 填充对象内的高光区域，用来标记要提取的对象；橡皮擦工具 擦去多余的高光边界；吸管工具 用于吸取颜色，在分离的对象与背景时取样，并将取样颜色作为前景色。

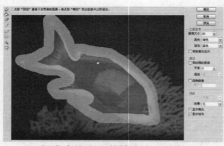

创建边缘高光并填充高光内部

单击"预览"按钮预览抽出效果

❷**清除 / 边缘修饰工具**：清除工具 擦除不需要的背景区域，还能填充抽出对象中的间隙；边缘修饰工具 擦除或修复对象边缘并能锐化边缘。单击"预览"按钮后激活这两个工具。

❸**工具选项**：设置画笔的大小、高光和填充颜色，以及是否开启以磁性方式绘制高光的智能高光显示。

设置画笔参数

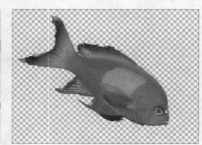

预览效果

❹**抽出**：设置抽出的对象。其中"带纹理的图像"表示使用边缘高光器工具在图像的边缘绘制高光并填充颜色，从而抽出图像；"平滑"指定平滑度的范围；"通道"选择滤镜作用的新建通道或专色通道；"强制前景"设置强制抽出的前景颜色。

设置"强制前景"颜色

抽出的效果

❺**预览**：设置预览显示原图像或抽出图像，以及是否显示高光和填充。

3. 素描滤镜

滤镜库包含了大多数滤镜，通过滤镜库可以在各种滤镜之间切换应用或者同时应用多个滤镜，操作直观，集成度高，应用素描、画笔描边、扭曲等滤镜时首先考虑使用滤镜库。

滤镜库

"素描"滤镜组是滤镜库中独立成组的滤镜，通过添加纹理，或者对图像创建模拟素描、速写等手绘外观的艺术效果。包括半调图案、便条纸、粉笔和炭笔等十几种滤镜。素描的具体效果由前景色和背景色的设置决定。

"半调图案"滤镜：基于前景色和背景色创建单色网点，使图像产生强烈视觉效果。

"撕边"滤镜：模拟纸张撕裂的边缘效果，同样基于前景色和背景色创建。

"网状"滤镜：在图像中创建网状颗粒的质感效果。

| 原图 | 半调图案 | 撕边 | 网状 |

"便条纸"滤镜：通过使用前景色显示图像阴影区域，背景色显示图像的高光区域，来创建具有浮雕凹陷和纸颗粒感纹理的效果。

"基底凸现"滤镜：创建类似简单浮雕的单色效果，并通过设置光照的方向强调浮雕表面的立体变化。前景色显示阴影区域，背景色显示高光区域。

"铬黄渐变"滤镜：创建铬黄金属的流动效果，高光区域向外凸起，阴影区域向内凹陷。

"塑料效果"滤镜：创建立体的塑料压模成像的效果，较暗区域凸起，较亮区域凹陷。

便条纸

基底凸现

铬黄渐变

塑料效果

　　"粉笔和炭笔"滤镜：创建类似粉笔和炭笔涂抹的草图效果，基于前景色用炭笔创建阴影区域，基于背景色用粉笔创建高光区域。

　　"绘图笔"滤镜：使用精细的、线状油墨线条来绘制图像中的细节，使用前景色作为油墨，背景色作为纸张替换图像中的颜色，并且图像中只有黑白两色。

　　"炭笔"滤镜：用粗线绘制图像中主要的边缘，中间色调用对角细线来绘制。前景色创建炭笔的颜色，背景色创建纸张的颜色。

　　"炭精笔"滤镜：基于前景色填充暗区域，使用背景色填充亮区域，从而模拟使用炭精笔绘制图像的效果。

粉笔和炭笔

绘图笔

炭笔

炭精笔

　　"图章"滤镜：将图像简化为木制图章的效果。

　　"影印"滤镜：创建线条化图像，模拟影印图像的凹陷压印的效果。

　　"水彩画纸"滤镜：创建模拟水彩在湿润的纤维画纸上混合、晕染的效果。

图章

影印

水彩画纸

 任务实现（操作步骤）

STEP 01

新建文档并填充背景

执行"文件>新建"命令，在弹出的"新建"对话框中新建一个10厘米×13.2厘米的文件，单击"确定"按钮。完成后设置前景色为蓝色（R149、G202、B241），按快捷键Alt+Delete填充"背景"图层。

STEP 02

使用画笔绘制

单击"创建新图层"按钮，新建"图层1"，然后单击画笔工具，在选项栏的"画笔预设"选取器中设置画笔为"粉笔60像素"，完成后使用白色在画面中绘制。

STEP 03

新建文档并绘制正方形

新建一个30厘米×30厘米的文件，"分辨率"同样为300像素/英寸，单击"确定"按钮。然后新建"图层1"，再单击矩形选框工具，绘制一个1厘米×1厘米的矩形框选并填充前景色，完成后按快捷键Ctrl+D取消选择。

STEP 04

创建生成图案的选区

执行"滤镜>图案生成器"命令，在弹出的"图案生成器"对话框中单击矩形选框工具，创建选区，然后在右方面板中设置各项参数。

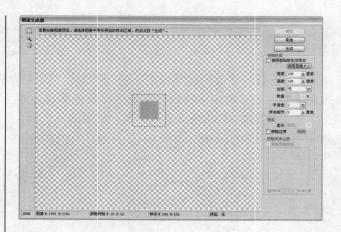

STEP 05
生成图案

单击"生成"按钮，注意观察预览框中的图案生成效果，可以多次单击"再次生成"按钮，结合单击"上一拼贴"按钮◀和"下一拼贴"按钮▶，选择合适的图案，完成后单击"确定"按钮。

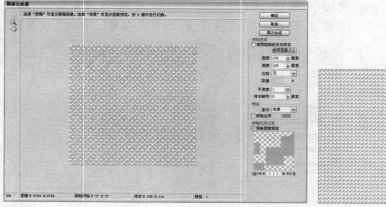

STEP 06
填充图像并添加
填充图层蒙版

单击移动工具 ►₊，将图案拖至当前操作的图像窗口中，得到"图层2"，然后单击"锁定透明像素"按钮 ，并重新填充为蓝色（R172、G199、B224），完成后按住Ctrl键的同时单击"图层1"缩览图，载入图像选区，再单击"添加图层蒙版"按钮 ，创建基于选区的图层蒙版。

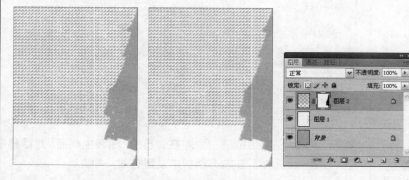

STEP 07
添加图层样式

双击"图层1"，在弹出的"图层样式"对话框中勾选"投影"复选框，然后在右方的面板中设置各项参数，单击"确定"按钮，添加投影效果。

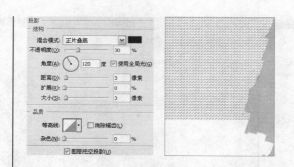

单击多边形套索工具🔲，创建一个多边形选区，然后单击"图层2"的图层蒙版缩览图，按快捷键Alt+Delete，在蒙版中填充选区为黑色，完成后按下快捷键Ctrl+D取消选择。

打开本书配套光盘中的第9章\01\media\197.jpg文件，然后执行"滤镜>抽出"命令，在弹出的"抽出"对话框中单击边缘高光器工具🖊️，沿人物的边缘进行绘制。

单击橡皮擦工具🖊️，擦除绘制得较多的部分，在边缘仅保留少量的高光部分，完成后单击填充工具🖌️，在边缘内部单击进行填充。

STEP 11
抽出图像

单击"预览"按钮，预览抽出效果，需要修改则按住Alt键，此时"取消"按钮转换为"复位"按钮，单击该按钮复位操作，最后单击"确定"按钮。

STEP 12
继续添加素材并选区人物皮肤

单击移动工具 ，将抽出的人物图像拖移至当前操作的图像窗口中，得到"图层3"，然后适当调整图像的位置。完成后单击套索工具 ，选取人物裸露的皮肤。

STEP 13
添加滤镜

设置前景色为黑色，背景色为白色，然后对选区图像执行"滤镜>素描>影印"命令，在弹出的"影印"对话框中设置各项参数，单击"确定"按钮，将选区图像创建为单色的影印效果，按快捷键Ctrl+D取消选择。

STEP 14
覆盖杂色并添加"投影"图层样式

单击画笔工具 ，设置前景色为白色，然后在人物手臂上绘制，覆盖多余的杂色，完成后双击"图层3"，在弹出的"图层样式"对话框中勾选"投影"复选框，然后设置各项参数。

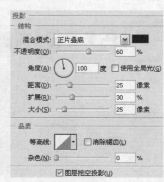

STEP 15
添加"描边"图层样式并擦除多余的杂色

继续勾选"描边"复选框,然后在右方面板中设置各项参数,完成后单击"确定"按钮,对人物添加描边和投影效果。如果描边出现不平滑的效果,是由于执行"抽出"命令时图像边缘还存在一些细小的杂色图像,可以结合橡皮擦工具擦除这些多余图像。

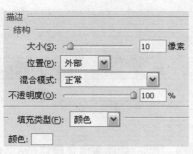

STEP 16
调整衣服色调并继续添加素材

分别打开本书配套光盘中的198.jpg和199.jpg文件,使用与前面相同的方法,抽出图像并添加影印效果和图层样式,最后结合套索工具和调整图层中的"色彩平衡"命令,调整衣服的色调,完成后添加其他素材和文字元素,完成作品的制作。

Works 02 制作水质花朵

 任务目标（实例概述）

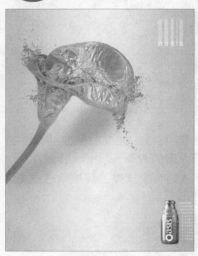

本实例通过 Photoshop 中的液化、图层蒙版、加深工具等的配合使用制作完成。在制作过程中，主要难点在于根据提供的图像并结合各种液化工具，对图像进行变形、膨胀等液化操作，创建自然效果。重点在于熟练掌握液化工具的使用和"液化"对话框各选项的设置。

| 光盘路径 | 原始文件
第 9 章 \02\media\201.jpg+206.jpg |
| | 最终文件
第 9 章 \02\complete\ 制作水质花朵 .psd |

任务向导（知识精讲）

序　号	操作概要	知识点	知识水平
1	沿花朵的轮廓对水波图像液化变形	液化	高级

液化

"液化"滤镜通过使用各种工具对图像进行变形、扭曲、膨胀等液化操作，从而创建自然的变形效果。执行"滤镜 > 液化"命令，弹出"液化"对话框。

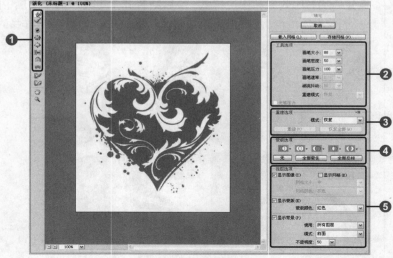

"液化"对话框

❶ **工具箱**：包括执行液化变形的各种工具，其中向前变形工具 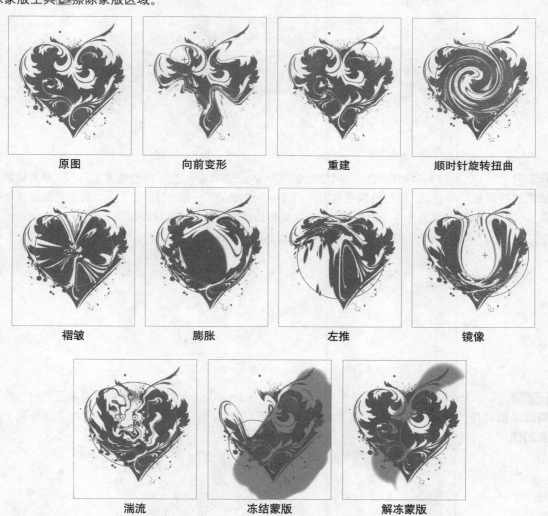 通过在图像上按住拖动鼠标的方式，先前推动图像而使其变形；重建工具 通过绘制变形区域，能部分或全部恢复图像的原始状态；顺时针旋转扭曲工具 通过按住并拖动鼠标，使图像按照顺时针或逆时针方向（按住 Alt 键）旋转；褶皱工具 通过按住并拖动鼠标，对图像进行褶皱变形；膨胀工具 的效果和褶皱工具相反；左推工具 可以移动图像的像素，推动图像；镜像工具 将图像拷贝到画笔区域；湍流工具 通过按住并拖动鼠标，将图像创建为气流、火焰或波浪形态的效果；冻结蒙版工具 将不需要液化的区域创建为冻结的蒙版；解冻蒙版工具 擦除蒙版区域。

原图	向前变形	重建	顺时针旋转扭曲
褶皱	膨胀	左推	镜像

| 湍流 | 冻结蒙版 | 解冻蒙版 |

❷ **工具选项**：控制画笔的大小、密度、压力、速率等动态设置。其中选择湍流工具时激活"画笔速率"、"湍流抖动"选项；选择重建工具时激活"重建模式"选项。

❸ **重建选项**：用于对扭曲的图像进行恢复的操作。其中"模式"和"重建模式"选项相同；单击"重建"按钮恢复扭曲图像到上一次状态，连续单击可以恢复到初始状态；单击"恢复全部"按钮直接恢复到初始状态。

❹ **蒙版选项**：设置创建蒙选区版的方式，以及蒙版区域的冻结方式。其中"无"表示移去所有冻结区域；"全部蒙住"则冻结整个图像；"全部反相"指反相所有冻结区域。

❺ **视图选项**：设置图像中分别需要显示的对象。

285

任务实现（操作步骤）

STEP 01
新建文档并渐变填充背景

执行"文件>新建"命令，在弹出的"新建"对话框中新建一个10厘米×13.3厘米的文件，然后单击"确定"按钮。完成后单击渐变工具 ，在选项栏的"渐变编辑器"中设置色标为蓝色（R148、G226、B252）和白色，然后对"背景"图层从左至右进行线性渐变填充。

STEP 02
添加素材并调整图像

打开本书配套光盘中第9章\02\media\201.jpg文件，单击魔棒工具 ，单击背景创建选区，然后按快捷键Shift+Ctrl+I反向选取，再单击移动工具 ，将选区图像拖动至新建文件中，得到"图层1"，完成后适当调整花朵的角度和位置。

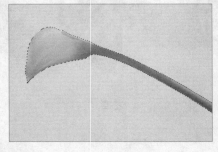

STEP 03
继续添加素材并调整图像

打开本书配套光盘中第9章\02\media\202.jpg文件，单击磁性套索工具 ，选取花朵并将其拖至当前操作的图像窗口中，得到"图层2"，完成后将花朵调整到下层花朵的合适位置。

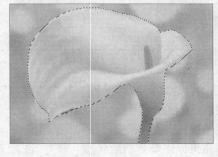

STEP 04
设置图层的混合模式

单击橡皮擦工具 ，分别在"图层1"和"图层2"中擦除多余的图像，保留拼接的花朵，然后按快捷键Ctrl+E向下合并这两个图层，完成后打开第9章\02\media\203.jpg文件。

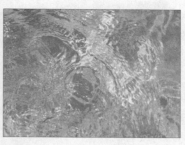

STEP 05
液化图像

将图像拖至当前操作的图像窗口中, 并覆盖花朵, 然后执行"滤镜>液化"命令, 在弹出的"液化"对话框中的"显示背景"选项中设置"使用"为"图层1", 透出花朵图像, 再单击向前变形工具 🔻, 调整画笔大小后沿花朵轮廓将水波向内拖移变形。

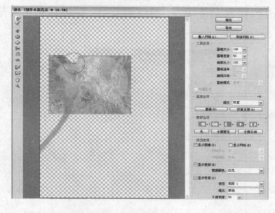

STEP 06
继续液化图像

按"["键适当缩小画笔大小, 在花朵转折的位置对细小部分进行液化变形, 完成基本轮廓的变形后, 在水波图像内向外拖移变形, 使图像边缘产生挤压效果。

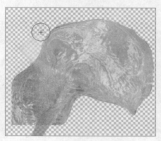
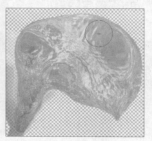

STEP 07
**添加图像并液化
图像**

操作完成后单击"确定"按钮, 水波图像沿花朵轮廓进行了液化, 完成后再次将水波图像拖至该文档中, 得到"图层3", 然后使用相同的方法, 制作另一片花瓣水波效果。

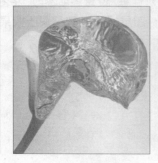

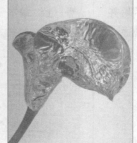

STEP 08
继续添加图像并
液化图像

再次将水波图像拖至该文档中，得到"图层4"，然后使用相同的方法，制作前面花瓣的水波效果，完成后单击膨胀工具 ⊙。

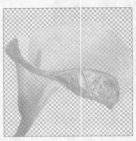

STEP 09
添加图层蒙版

将"图层1"置为顶层，然后单击"添加图层蒙版"按钮 ▢，添加图层蒙版后使用渐变工具对蒙版进行线性渐变填充，只保留花茎，完成后单击画笔工具 ✎，使用白色在蒙版中绘制，显示花蕊。

STEP 10
添加素材并调整
曲线

打开本书配套光盘中第9章\02\media\204.jpg文件，将其添加到当前操作的图像窗口中，得到"图层5"，适当调整角度后按快捷键Ctrl+M弹出"曲线"对话框，设置各项参数，单击"确定"按钮。

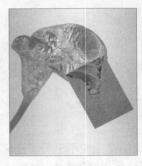
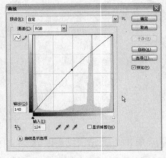

STEP 11
调整色彩平衡并
添加图层蒙版

按下快捷键Ctrl+B弹出"色彩平衡"对话框，设置各项参数，将图像的色调和花朵调整一致，单击"确定"按钮，完成后为"图层5"添加图层蒙版效果，隐藏背景。

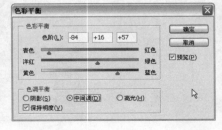

STEP 12
**调整色彩平衡并
添加图层蒙版**

打开本书配套光盘中第9章\02\media\205.jpg文件, 将其添加到当前操作的图像窗口中, 得到"图层6", 然后使用与前面相同的方法, 添加图层蒙版效果并调整色彩平衡, 完成后复制多个副本, 制作花朵的喷溅效果。

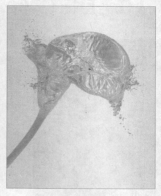

STEP 13
加深图像

单击加深工具圖, 在选项栏的"范围"下拉列表中选择"阴影", "曝光度"为50%, 然后选择一个柔和的画笔对花瓣相交的位置进行加深, 在花瓣之间创建阴影, 使花朵更具立体感。

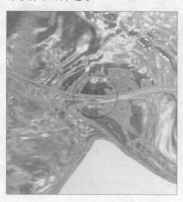

STEP 14
**制作花蕊并添加
其他元素**

单击套索工具图, 在选项栏中设置"羽化"为20px, 然后在"图层1"中选取花蕊, 再按快捷键Ctrl+J复制选区图像到新的"图层7", 适当调整"不透明度"。完成后为作品添加其他素材, 并结合选区工具和文字工具, 创建花朵的投影, 添加文字元素, 完成作品的制作。

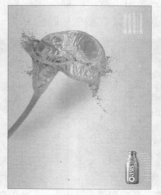

Works 03　制作油画效果

任务目标（实例概述）

　　本实例通过 Photoshop 中的杂色、画笔描边、扭曲等滤镜的配合使用制作完成。在制作过程中，主要难点在于使用杂色滤镜为图像添加杂色，然后结合画笔描边滤镜中的成角线条以及扭曲滤镜中的海洋波纹为杂色创建油画笔触的效果。重点在于了解这几种滤镜的特点，灵活地运用到作品中。

原始文件
第 9 章 \03\media\207.jpg 、 208.psd
最终文件
第 9 章 \03\complete\ 制作油画效果 .psd

任务向导（知识精讲）

序　号	操作概要	知识点	知识水平
1	为图像添加杂色颗粒	杂色滤镜	中级
2	为杂色添加线条效果	画笔描边滤镜	中级
3	为线条添加海洋的扭曲波纹	扭曲滤镜	中级

1. 杂色滤镜

　　该滤镜组通过给图像添加或减少一些随机产生的杂色颗粒，创建图像的杂色纹理效果。包括减少杂色、蒙尘与划痕、去斑、添加杂色、中间值 5 种滤镜。

　　"减少杂色"滤镜：主要用于减少扫描图像或照片图像中存在的杂色像素，使图像清晰。

　　"添加杂色"滤镜：通过运算在图像中随机产生一些不规则的杂色。

具有杂色的图像　　　　　减少杂色　　　　　添加杂色

"蒙尘与划痕"滤镜：通过更改图像中有差异的像素来去除图像上的灰尘、瑕疵、草图痕迹等，从而使画面显得更柔和。其中"半径"控制影响的范围；"阈值"控制滤镜的强度。

"去斑"滤镜：在保持图像的边缘同时去除图像上的杂点，使画面更加清晰。使用该滤镜直接进行去斑处理，连续使用会使图像中的杂色逐渐减少，但图像也会越来越模糊。

蒙尘与划痕的图像　　　去除蒙尘与划痕　　　具有光斑的图像　　　去斑

"中间值"滤镜：通过使图像或选区图像像素混合，从而减少图像中的杂色。通过"中间值"对话框中设置"半径"，定义减少杂色的数量和混合范围。

原图　　　　　　半径为 5 像素　　　　　半径为 20 像素

2. 画笔描边滤镜

该滤镜组根据图像的颜色区域创建画笔或油墨笔刷描边的效果。包括 8 种滤镜。

"成角的线条"滤镜：模拟画笔以某种成直角状的方向绘制图像，暗部区域和亮部区域分别为不同的线条方向。

"强化的边缘"滤镜：通过设置边缘的亮度和宽度来强化图像的边缘，其中"平滑度"设置图像的柔化程度。

"深色线条"滤镜：暗区使用短而密的深线条绘制，亮区使用长的浅线条绘制，通过调节黑白强度和平衡，创建特殊的黑色阴影效果。

成角的线条　　　　强化的边缘　　　　深色线条　　　　阴影线

"阴影线"滤镜：使用十字交叉的铅笔阴影线来绘制图像，通过设置"描边长度"定义描边线条的长度，"锐化程度"和"强度"定义阴影线在图像中的效果。

"墨水轮廓"滤镜：模拟使用钢笔勾勒图像轮廓线的效果，使图像具有明显的轮廓。

"烟灰墨"滤镜：模拟使用油墨画笔绘制图像的效果，绘制的线条柔和模糊。

"喷溅"滤镜：模拟使用喷枪喷洒出图像的效果。

"喷色描边"滤镜：使图像按指定的方向来喷溅绘制图像。

| 墨水轮廓 | 烟灰墨 | 喷溅 | 喷色描边 |

3. 扭曲滤镜

该滤镜组通过模拟玻璃和海洋等材质对图像创建扭曲的纹理，以及基于背景色扩散图像中的亮光，一共包括 13 种滤镜。

"玻璃"滤镜：模拟透过不同类型的玻璃材质观察图像的效果。

"海洋波纹"滤镜：通过设置"波纹大小"和"波纹幅度"控制海洋波纹的扭曲形态。

"扩散亮光"滤镜：基于背景色在图像的高光部分上添加反光的亮点，使图像从中心位置向外逐渐隐从而产生朦胧的效果。

| 玻璃 | 海洋波纹 | 扩散亮光 |

"波浪"滤镜：将图像或选区中的像素半径通过扭曲，产生如同模拟波浪的波长波幅和类型的效果。这种效果类似于使用"液化"滤镜改变图像像素一样。

"波纹"滤镜：将图像或选区中创建波状起伏的形态，产生模拟湖面水波的波纹，与"波浪"滤镜效果相似。

"极坐标"滤镜：以坐标轴为基准，使图像或选区的平面坐标与极坐标之间互相转换，从而产生扭曲变形的图像效果。

"挤压"滤镜：通过调整数量来挤压选区内的图像，从而使图像产生凹凸的扭曲效果。设置数量为负数，按照凸透镜挤压图像；设置数量为正数，按照凹透镜挤压图像。

"球面化"滤镜：使选区内的图像实现球形膨胀或凹陷的扭曲效果。

波浪　　　　　　　　波纹　　　　　　　　极坐标　　　　　　　　挤压　　　　　　　　球面化

"镜头校正"滤镜：通过"镜头校正"对话框校正镜头的失真效果。

"切变"滤镜：通过调整曲线框中的曲线，使图像产生向内或向外积压变形的效果。在"切变"对话框中，"折回"是图像进行变形后使用相同的图像填补；"重复边缘像素"是图像进行变形后使用边缘图像变形填补。

"水波"滤镜：对图像径向扭曲，从而创建水波纹效果。

"旋转扭曲"滤镜：使图像产生类似漩涡旋转的效果。在"旋转扭曲"对话框中，"角度"定义旋转的程度。"角度"为正值时，图像以顺时针旋转；为负值时，沿顺时针旋转。

镜头校正　　　　　　切变　　　　　　　　水波　　　　　　　　旋转扭曲

"置换"滤镜：作为一种较为特殊的扭曲滤镜，通过使用置换图像，对当前图像进行扭曲。选择的置换文件必须是 psd 文件格式。

置换的图像　　　　　　　　置换

任务实现（操作步骤）

STEP 01

打开文档并添加杂色

执行"文件>打开"命令，打开本书配套光盘中第9章\03\media\207.jpg文件，然后按快捷键Ctrl+J将"背景"图层复制为"图层1"，再执行"滤镜>杂色>添加杂色"命令，在弹出的"添加杂色"对话框中设置各项参数，完成后单击"确定"按钮。

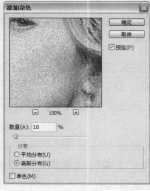

STEP 02

添加"成角的线条"滤镜

对"图层1"执行"滤镜>画笔描边>成角的线条"命令，在弹出的对话框中设置各项参数，完成后单击"确定"按钮，为杂色添加线条效果。

STEP 03

添加"海洋波纹"滤镜

对"图层1"执行"滤镜>扭曲>海洋波纹"命令，在弹出的对话框中设置各项参数，完成后单击"确定"按钮，为线条添加海洋的扭曲波纹。

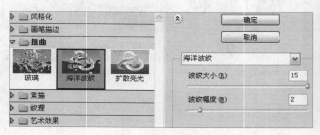

STEP 04
调整图像色相 /
饱和度

对"图层1"按快捷键Ctrl+U弹出"色相/饱和度"对话框,设置"饱和度"为10,单击"确定"按钮,为图像添加饱和度。

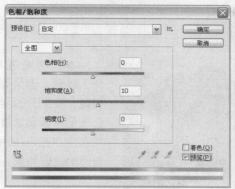

STEP 05
添加素材并调整
图层顺序

打开本书配套光盘中第9章\03\media\208.psd文件,然后使用移动工具将人物图像拖至该图像窗口中,得到"图层2",然后将图层调整到"图层1"的下面。

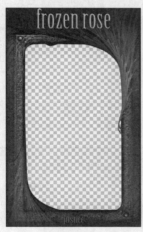

STEP 06
添加"外发光"
图层样式

双击"图层1",在弹出的"图层样式"对话框中勾选"外发光"复选框,设置各项参数,完成后单击"确定"按钮,为画框添加一个阴影效果,完成作品的制作。

Works 04 制作像素纹理的合成图像

 任务目标（实例概述）

本实例通过 Photoshop 中的像素化、纹理、渲染等滤镜的配合使用制作完成。在制作过程中，主要难点在于结合图层蒙版和滤镜，创建独特的选区效果。重点在于使用纹理滤镜为作品制作自然的纹理效果。

光盘路径	
原始文件	第 9 章 \04\media\209.jpg、212.psd 等
最终文件	第 9 章 \04\complete\ 制作像素纹理的合成图像 .psd

 任务向导（知识精讲）

序　号	操作概要	知识点	知识水平
1	使用颗粒滤镜为背景添加柔和的颗粒纹理，使用纹理化添加画布的纹理效果	纹理滤镜	高级
2	使用马赛克滤镜制作独特的蒙版效果，使用碎片滤镜制作圆的重影效果	像素化滤镜	高级

1. 纹理滤镜

该滤镜组为图像创建具有不同质感、深度感以及光照效果的纹理效果。包括 6 种滤镜。

"龟裂缝"滤镜：为图像创建不规则的龟裂效果，通过设置裂缝的宽度、深度和亮度来控制图像龟裂的大小。

"颗粒"滤镜：通过设置不同类型的颗粒，以及颗粒的强度和对比度，添加杂点的效果。

"马赛克拼贴"滤镜：创建不规则的马赛克拼贴效果，通过加亮缝隙使拼贴具有立体感。

原图

龟裂缝

颗粒

马赛克拼贴

"拼缀图"滤镜：将图像创建为立体的方块拼缀效果。

"染色玻璃"滤镜：将图像创建为染色玻璃的拼缀效果，拼贴缝隙使用前景色填充。

"纹理化"滤镜：通过为图像添加不同的纹理类型，为图像创建具有光照效果的真实纹理质感。可以通过"载入纹理"命令载入 psd 格式的自定义纹理素材。

| 拼缀图 | 染色玻璃 | 纹理化 |

2. 像素化滤镜

该滤镜组将图像重新定义为方形、不规则多边形和点状等效果，使单元格相近的颜色像素重新构成新的像素。包括彩块化、彩色半调、点状化、晶格化、马赛克等 7 种滤镜。

"彩块化"滤镜：通过使图像中纯色或相似颜色的像素结成彩色像素块，反复使用该滤镜加强彩块化，创建图像的绘画笔触效果。

"彩色半调"滤镜：通过设置网点的半径和各通道的网角度，使图像中的每种通道颜色分离，产生类似于彩色报纸印刷的效果。

"点状化"滤镜：通过设置单元格大小将图像创建为随机的彩色小点，点与点之间使用背景色填充，形成点彩画效果。

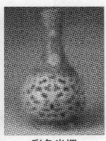

| 原图 | 彩块化 | 彩色半调 | 点状化 |

"晶格化"滤镜：基于不规则的多边形方块创建图像，产生晶格化的拼贴效果。

"马赛克"滤镜：基于方形创建图像仿马赛克拼贴效果，类似于放大的像素图。

"碎片"滤镜：对图像创建 4 个副本的重影，类似于不聚焦的抖动效果。

"铜版雕刻"滤镜：使图像的像素转换为黑白区域和彩色图案，模拟出铜版画的效果。

| 晶格化 | 马赛克 | 碎片 | 铜版雕刻 |

任务实现（操作步骤）

STEP 01

新建文档并为背景添加颗粒

新建一个13厘米×10厘米的文件，执行"滤镜>纹理>颗粒"命令，在"颗粒"对话框中设置"颗粒类型"为"扩大"，然后设置各项参数，单击"确定"按钮，为背景添加柔和的颗粒纹理。

STEP 02

添加纹理化效果和正圆选区

执行"滤镜>纹理>纹理化"命令，在"纹理化"对话框中设置各项参数，添加画布纹理效果。选择椭圆选框工具，单击"添加到选区"按钮，按住Shift+Alt键依次创建多个正圆选区。

STEP 03

填充前景色

新建"图层1"，单击渐变工具，在"渐变编辑器"中设置色标依次为紫色（R228、G0、B179）、蓝色（R4、G174、B213）和绿色（R142、G220、B0），从左至右沿对角线对选区进行线性渐变填充。

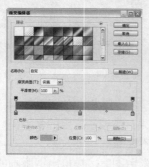

STEP 04

设置图层的混合模式

设置"图层1"的图层混合模式为"正片叠底"，使渐变图像中透出背景中的纹理。

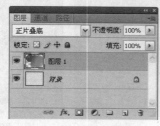

STEP 05
创建选区并调整颜色

打开本书配套光盘中第9章\04\media\209.jpg文件，单击套索工具，设置"羽化"为5px，沿嘴唇创建选区。按快捷键Ctrl+B弹出"色彩平衡"对话框，设置各项参数，将嘴唇调整为鲜艳的红色。

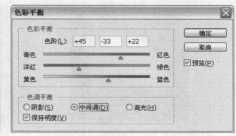

STEP 06
创建选区并添加素材

单击钢笔工具，沿人物的眼睛、鼻孔、嘴唇绘制闭合路径，完成后按快捷键Ctrl+Enter键路径作为选区载入，单击移动工具，将选区图像拖至当前操作的图像窗口中，得到"图层2"。

STEP 07
调整图像亮度/对比度并添加素材

对"图层2"执行"图像>调整>亮度/对比度"命令，设置"亮度"为+26，单击"确定"按钮。打开本书配套光盘中第9章\04\media\210.jpg文件，使用移动工具将其拖移至作品中，得到"图层3"。

STEP 08
添加图层蒙版

使用钢笔工具绘制眼眶的闭合路径，然后将路径作为选区载入，完成后单击"添加图层蒙版"按钮，基于选区为"图层3"添加图层蒙版。

Photoshop CS4从入门到精通（创意案例版）

STEP 09
对图层蒙版添加
滤镜效果

对图层蒙版执行"滤镜>像素化>马赛克"命令，在弹出的"马赛克"对话框中设置
"单元格大小"为20方形，单击"确定"按钮。

STEP 10
编辑图层蒙版并
绘制路径

单击画笔工具 ✎，使用黑色在图层蒙版中绘制蒙版下眼眶的马赛克图像，然后单击
钢笔工具 ✎，在左方的眼睛处绘制锯齿状的闭合路径。

STEP 11
渐变填充选区

在"图层3"下面新建"图层4"，单击渐变工具 ▦，在"渐变编辑器"中设置色标为绿
色（R66、G214、B162）、黄色（R225、G196、B13）和红色（R252、G27、B0），然后
按快捷键Ctrl+Enter将路径作为选区载入，对选区进行线性渐变填充。

STEP 12
复制副本并填充
图像

复制一个"图层4副本"并调整到"图层4"下面，然后单击"锁定透明像素"按钮
▦，锁定透明像素后填充为白色，完成后按快捷键Ctrl+T适当旋转图像角度，最后
复制"图层4副本"为"图层4副本2"，执行"图像>变换>水平翻转"命令。

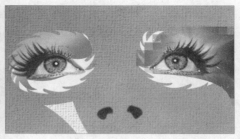

STEP 13
添加图层样式并
复制图层样式

双击"图层4副本"，在弹出的"图层样式"对话框中勾选"外发光"复选框，然后设置各项参数，单击"确定"按钮，完成后右击"指示图层效果"按钮，在快捷菜单中单击"拷贝图层样式"命令，最后右击"图层4副本2"，单击"粘贴图层样式"命令。

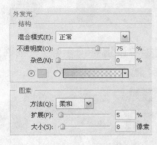
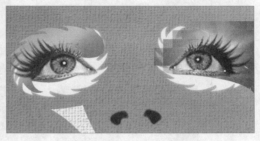

STEP 14
制作重影

在"图层4"及其副本下面新建"图层5"，然后结合椭圆选框工具和填充工具的使用，绘制圆，完成后执行"滤镜>像素化>碎片"命令，制作圆的重影效果。

STEP 15
添加素材并调整
色相/饱和度

继续结合椭圆选框工具和填充工具的使用，绘制多个圆，根据画面的效果设置不同的"不透明度"，完成后打开本书配套光盘中的211.png和212.psd文件，分别将素材添加到作品中，适当调整圆角矩形条的色相和饱和度，制作各种颜色的效果。

STEP 16
添加投影效果

双击右下方的圆角矩形条所在的图层，在弹出的"图层样式"面板中勾选"投影"复选框，设置各项参数，然后单击"确定"按钮，为其添加投影效果。完成后为其他圆角矩形条添加不同的投影，增强画面空间感。

STEP 17
添加文字

单击横排文字工具 T，在"字符"面板中设置各项参数，在画面的左方输入文字，完成后设置颜色为黑色，适当调小字号，输入黑色文字。

STEP 18
添加镜头光晕

对"图层1"执行"滤镜>渲染>镜头光晕"命令，在弹出的"镜头光晕"对话框中设置光晕中心，完成后单击"确定"按钮，添加光晕效果，完成作品的制作。

Works 05 制作艺术效果图像

 任务目标（实例概述）

本实例通过 Photoshop 中的艺术效果滤镜、模糊滤镜、变换、图层样式等命令配合制作完成。在制作过程中，主要难点在于结合各种类型的滤镜为图像创建艺术纹理。重点在于掌握滤镜的同时结合调色命令的运用，使作品更加完美。

光盘路径

原始文件
第9章\05\media\213.jpg、215.png、219.psd等

最终文件
第 9 章 \05\complete\ 制作艺术效果图像 .psd

 任务向导（知识精讲）

序 号	操作概要	知识点	知识水平
1	使用底纹效果滤镜添加底纹效果，使用海绵滤镜创建图像的艺术纹理效果	艺术效果滤镜	高级

艺术效果滤镜

该组滤镜将图像创建成具有绘画风格和绘画技巧的艺术效果图像，以及模拟自然材质的纹理效果。包括壁画、彩色铅笔、粗糙蜡笔、底纹效果等15 种滤镜。

"壁画"滤镜：通过改变图像对比度，清晰暗调区域的图像的轮廓，模拟短而圆和粗略涂抹的绘画手法，创建壁画的效果。

"彩色铅笔"滤镜：通过保留图像的主要边缘，使外观带有粗糙的阴影线状态，且纯背景色透过光滑区域显示出来，从而模拟彩色铅笔绘图的手法。

"粗糙蜡笔"滤镜：模拟在布满纹理的图像上运用彩色画笔描边的效果。可以通过"载入纹理"命令自定义纹理。

原图　　　壁画　　　彩色铅笔　　　粗糙蜡笔

"底纹效果"滤镜：通过模拟绘画材质，为图像添加不同的纹理。

"调色刀"滤镜：通过减少图像的细节，从而模拟油画刀在画笔上的绘画效果。

"干画笔"滤镜：通过模拟干画笔涂抹时的不规则笔触，创建干画笔的厚重效果。

"海报边缘"滤镜：通过设置海报化创建不同细节表现的招贴画边缘的效果。

| 底纹效果 | 调色刀 | 干画笔 | 海报边缘 |

"海绵"滤镜：使用对比强、富有纹理的颜色绘制图像，模拟海绵在纸上绘画的效果。

"绘画涂抹"滤镜：模拟使用各种类型的画笔在画布上进行涂抹的绘画效果。

"胶片颗粒"滤镜：通过加强图像的局部像素，添加胶片材质的杂色。

"木刻"滤镜：通过设置色阶数创建不同细节，表现木刻效果。

| 海绵 | 绘画涂抹 | 胶片颗粒 | 木刻 |

"霓虹灯光"滤镜：模拟各种颜色的灯光照射图像上的负片手法。

"水彩"滤镜：模拟水彩效果的手法，通过设置画笔细节表现水彩不同逼真度和绘画度。

"塑料包装"滤镜：沿图像的轮廓线添加一层类似于塑料薄膜封包的立体质感效果。

"涂抹棒"滤镜：模拟涂抹棒的绘画效果，其中通过"强度"控制图像的亮度。

| 霓虹灯光 | 水彩 | 塑料包装 | 涂抹棒 |

任务实现（操作步骤）

STEP 01
新建文档

执行"文件>新建"命令，在弹出的"新建"对话框中新建一个15.8厘米×10厘米的文件，单击"确定"按钮。

STEP 02
添加素材

执行"文件>打开"命令，打开本书配套光盘中第9章\05\media\213.jpg文件，然后单击移动工具，将素材图像拖至当前操作的图像窗口中，得到"图层1"，完成后适当调整图像位置。

STEP 03
高斯模糊图像

对"图层1"执行"滤镜>模糊>高斯模糊"命令，在弹出的"高斯模糊"对话框中设置"半径"为40像素，单击"确定"按钮，模糊人物图像。

STEP 04
添加"底纹效果"
滤镜

执行"滤镜>艺术效果>底纹效果"命令，在弹出的"底纹效果"对话框中设置"纹理"为"粗麻布"，然后设置各项参数，单击"确定"按钮。

STEP 05
调整图像亮度 /
对比度

执行"图像>调整>亮度/对比度"命令，在弹出的"亮度/对比度"对话框中设置"亮度"为+73，单击"确定"按钮，增强图像的亮度。

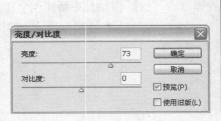

STEP 06
调整色彩平衡

按快捷键Ctrl+B弹出"色彩平衡"对话框，设置各项参数，完成后单击"确定"按钮，将图像色调调整为较统一的绿色。

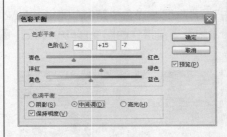

STEP 07
创建选区并添加
素材

执行"文件>打开"命令，打开本书配套光盘中第9章\05\media\214.jpg文件，然后单击钢笔工具，沿书的轮廓绘制闭合路径，完成后按快捷键Ctrl+Enter将路径作为选区载入，然后单击移动工具，将选区图像拖至当前操作的图像窗口中，得到"图层2"，适当调整图像位置。

STEP 08
添加"投影"图
层样式

双击"图层2"，在弹出的"图层样式"对话框中勾选"投影"复选框，然后设置各项参数，完成后单击"确定"按钮，为书本添加投影效果。

STEP 09
透视变换图像

对"图层2"执行"图像>变换>透视"命令,然后向内拖动左上角的锚点,另一边自动进行同样的透视变换,完成后按下Enter键应用变换。

STEP 10
继续添加素材

打开本书配套光盘中第9章\05\media\215.png文件,然后使用移动工具将图像拖至当前操作的图像中,得到"图层3",适当调整图像位置。

STEP 11
继续添加素材并复制副本

使用相同的方法,将其他素材添加到作品中,复制多个素材的副本并调整到书的周围,然后复制多个书的副本并在图层样式的快捷菜单中执行"清除图层样式"命令,完成后全选花纹素材并调整到书的后面。

STEP 12
合并图层并填充图像

保持花纹图层的选择,按快捷键Ctrl+E合并选定图层,然后双击合并图层的名称,将其重命名为"花纹",完成后单击"锁定透明像素"按钮,锁定像素后填充为棕色(R202、G109、B18)。

STEP 13
添加"艺术效果"滤镜

对"花纹"图层执行"滤镜>艺术效果>海绵"命令，在弹出的"海绵"对话框中设置各项参数，完成后单击"确定"按钮。

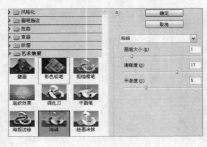

STEP 14
描边路径

新建"图层3"，然后按住Ctrl键的同时单击"花纹"图层的缩览图，载入图像选区，再切换到"路径"面板，单击"从选区生成工作路径"按钮，完成后将路径放大，最后单击"用画笔描边路径"按钮。

STEP 15
添加素材并添加投影

打开本书配套光盘中第9章\05\media\218.png文件，将其添加到作品中，再添加一个"投影"图层样式，增强立体效果。

STEP 16
添加其他图像素材和文字

最后为作品添加本书配套光盘中的其他素材，并结合文字工具为画面添加一些文字，使用前面相同的方法添加投影，完成作品的制作。

CHAPTER 10

动作的创建和Web应用

本章通过制作各种案例，学习动作这一 Photoshop CS4 中较为重要的功能，利用动作可以方便快速地将用户执行过的操作及命令记录下来，并将录制的动作应用到其他图像操作中。结合自动功能可以将动作进行批处理等。此外，本章还重点学习 Photoshop CS4 的 Web 应用功能，创建适用于网站设计的设计作品。

本章案例		知 识 点
Works 01	利用动作制作仿旧效果图像	"动作"面板
Works 02	快速处理图像	创建动作、批处理
Works 03	制作全景图像	Photomerge
Works 04	制作网页切片和链接	切片工具、切片选择工具
Works 05	制作图像动画	"动画"面板、存储为 Web 和设备所用格式

Works 01 利用动作制作仿旧效果图像

 任务目标（实例概述）

本实例运用 Photoshop 中的"动作"面板制作完成。在制作过程中，主要难点在于载入动作并应用动作快速处理图像。重点在于掌握"动作"面板中各功能的操作方法。

光盘路径

原始文件
第 10 章 \01\media\220.jpg、输入文字 .atn

最终文件
第 10 章 \01\complete\ 利 用 动作制作仿旧效果图像 .psd

 任务向导（知识精讲）

序　号	操作概要	知识点	知识水平
1	载入动作并应用到图像中，制作怀旧效果	"动作"面板	高级

"动作"面板

　　动作是 Photoshop 中一些命令的集合，利用动作可以方便快速地将用户执行过的操作及命令记录下来。需要再次执行同样或类似操作命令时，通过应用录制的动作即可。应用动作可以大大提高设计工作者的工作效率。

　　动作的各项操作,如创建新动作、创建新组、开始记录、播放等,都要通过"动作"面板来完成。"动作"面板类似一个可以录制播放操作的"图层"面板，清晰明确地罗列出各组动作所包含的具体操作和命令。执行"窗口 > 动作"命令，或按快捷键 Alt+F9，弹出"动作"面板。

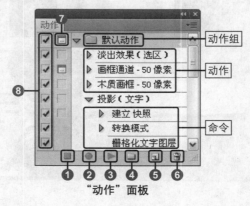

"动作"面板

❶**停止播放／记录**：单击该按钮停止动作的播放／记录。

❷**开始记录**：将当前的操作记录为动作，应用的命令被录制在动作中，命令的参数也同时被录制在动作中。

❸**播放选定的动作**：播放当前选定的动作。

❹**创建新组**：创建一个新的动作序列。

❺**创建新动作**：创建一个新的动作。

❻**删除**：删除当前选定的动作。

❼**切换对话开／关**：在播放动作中的某个命令时，显示此命令的对话框，此时用户可以根据具体的图像处理需要设置不同的参数值，使一个动作应用于不同图像的相似操作中。

❽**切换项目开／关**：激活或隐藏指定的项目，其中隐藏的项目将不被播放。

在"动作"面板中单击动作组、动作或者动作中的命令左方的按钮 ▶，展开或折叠动作组以及动作中的各项命令。按住 Alt 键的同时单击该按钮，展开或折叠动作组或动作中的所有命令。在"动作"面板中，按住 Shift 键的同时可以选择多个连续的动作，按住 Ctrl 键的同时可以选择多个不连续的动作。

展开组中的各项命令　　选择多个连续的动作　　选择多个不连续的动作

用户可以通过在"动作"面板中双击动作中的某个命令，弹出相应的对话框以重新调整参数，使同一个动作可以应用于不同图像的相似操作中，而不用重新录制新动作。调整了动作中的某个命令，将影响整个动作最终的效果。

原图　　　　　　播放的动作　　　　　图像的效果

调整"高斯模糊"和图层模式　调整动作后的图像效果

单击"动作"面板右上方的扩展按钮，弹出菜单。菜单中包括了"面板"中的命令，以及动作选项的高级设置。

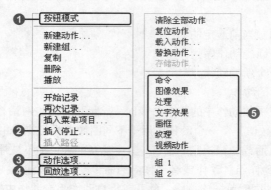

❶**按钮模式**：将动作组切换到按钮形式的显示模式。

❷在动作中分别插入菜单项目、插入停止以及插入路径。通过"插入菜单项目"命令，可以在录制动作时将任意一个菜单命令记录在动作中。

当执行了一个菜单命令，"插入菜单项目"对话框显示对应的菜单项名称。在对话框中单击"确定"按钮之前，如果当前插入了错误的菜单项目，可以进行更改，重新执行正确的命令，单击"确定"按钮后将录制执行正确的命令。

未执行菜单命令时　　　　　　　　　执行"选择 > 全部"命令

❸**动作选项**：通过"动作选项"按钮设置组的名称、功能键以及颜色等选项。选定某个功能键后，激活 Shift 和 Control 复选框，勾选这两个复选框可以设置组合功能键。

"动作选项"对话框

❹**回放选项**：设置回放性能以及是否为语音注释而暂停。即让动作以设定的执行速度进行播放，从而使用户可以细致地查看动作中每一个命令的执行效果。其中"加速"以没有间断的性能方式应用动作；"逐步"逐个完成每个命令并确定后，再播放下一个命令；设置"暂停"的具体秒数，在回放每个动作命令时会暂停相应的秒数。

"回放选项"对话框

❺显示系统提供的各种类型的动作。

 任务实现（操作步骤）

STEP 01
打开文档

执行"文件>打开"命令，打开本书配套光盘中的第10章\01\media\220.jpg文件，然后按快捷键Alt+F9弹出"动作"面板，单击快捷箭头▶，展开"默认动作"组中的动作。

STEP 02
添加动作并播放

单击"动作"面板的扩展按钮 ▾≡，在弹出的菜单中单击"图像效果"命令，追加"图像效果"动作组，然后单击"仿旧照片"动作，再单击"播放选定的动作"按钮 ▶，为图像添加选定的动作。

STEP 03
载入动作

在"动作"面板的菜单中单击"载入动作"命令，在弹出的"载入"对话框中选择本书配套光盘中第10章\01\media\输入文字.atn文件，完成后单击"载入"按钮，将"输入文字"动作组载入"动作"面板。

STEP 04
播放选定的动作

单击选定动作组的快捷箭头▶，在展开的动作中单击"输入文字"动作，然后单击"播放选定的动作"按钮 ▶，为作品添加文字动作。

Photoshop CS4从入门到精通（创意案例版）

Works 02　快速处理图像

任务目标（实例概述）

本实例通过Photoshop中的"动作"面板、批处理等命令的配合使用制作完成。制作难点在于结合动作的创建和批处理，快速对文件夹中多个图像进行动作批处理。重点在于熟练掌握"源"和"目标"的设定，以及指定需要的动作。

光盘路径

原始文件
第 10 章 \02\media\221.jpg、批处理文件夹

最终文件
第10章\02\complete\222.jpg～225.jpg

任务向导（知识精讲）

序　号	操作概要	知识点	知识水平
1	创建"RGB 到灰度"动作	创建动作	高级
2	应用创建的动作将文件夹中的图像批处理为灰度模式	批处理	高级

1. 创建动作

为动作创建组，可以对多个动作进行有效地分类和管理。通常情况下，在"动作"面板中单击"创建新组"按钮 ，可以创建一个新的动作组，也可以单击快捷菜单中相应的命令来创建组。

　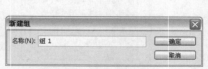　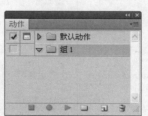

　　　单击"创建新组"按钮　　　　在"新建组"对话框中设置"名称"　　　　　创建新组

通常情况下，用户需要创建自定义的动作，然后以动作组的形式对其进行有效地存储，以适用于具体的操作中。创建和存储动作往往是一个连续的操作。单击"图层"面板下方的"创建新动作"按钮 ，弹出"新建动作"对话框，选项设置与"动作选项"对话框相同，单击"记录"按钮，切换回"动作"面板并激活"开始记录"按钮 。

"新建动作"对话框　　　　　　开始记录动作

完成动作的记录后单击整个动作组，通过在"动作"面板的快捷菜单中单击"存储动作"命令，弹出"存储"对话框后，单击"保存"按钮，存储包含新建的动作命令的动作组，注意动作的格式为 atn。

清除全部动作
复位动作
载入动作...
替换动作...
存储动作...

"存储动作"命令　　　　　　"存储"对话框

2. 批处理

"批处理"命令对指定的多个图像文件进行批量的相同操作。首先使用"动作"面板将图像的操作创建动作，然后结合"批处理"命令对指定文件夹中的多个图像执行相同的动作批处理。执行"文件 > 自动 > 批处理"命令，弹出"批处理"对话框。

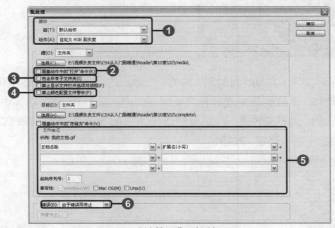

"批处理"对话框

❶播放：指定将应用于批处理图片的组和动作。

❷覆盖动作中的"打开"命令：当执行批处理的动作命令中包含"打开"命令时，忽略"打开"命令。

❸包含所有子文件夹：对于文件夹中所有图像及包含的子文件夹中的所有图像进行批处理。

❹禁止颜色配置文件警告：有颜色配置文件警告时，忽略该警告。

❺文件命名：指定在保存结果图片文件时采用图像排序命名的规则，并且可以在文件名后添加序列号、日期等。

❻错误：设置执行批处理发生错误时所显示的错误提示信息。

任务实现（操作步骤）

STEP 01
打开文档并新建
动作

执行"文件>打开"命令，打开本书配套光盘中的第10章\02\media\221.jpg文件，然后在"动作"面板中单击"创建新动作"按钮 ，在弹出的"新建动作"对话框中设置"名称"为"RGB到灰度"，完成后单击"确定"按钮，新建动作并激活"开始记录"按钮 。

STEP 02
添加素材并调整
图像

对图像执行"图像>模式>灰度"命令，将图像由RGB模式转换为灰度模式，完成后单击"停止播放/记录"按钮 ，完成当前动作的记录。

STEP 03
执行"批处理"
命令

执行"文件>自动>批处理"命令，在弹出的"批处理"对话框中的"播放"选项中的"动作"下拉列表中选择刚才记录的动作，然后在"源"选项中单击"选择"按钮，在弹出的"浏览文件夹"对话框中选择本书配套光盘中第10章\02\media\"批处理"文件夹，单击"确定"按钮。

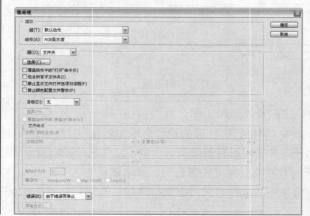

STEP 04

**设置批处理图像
的目标路径**

使用相同的方法,在"目标"选项组中指定批处理图像的目标存储路径,可以新建一
个文件夹并将批处理的图像指定到该文件夹中。

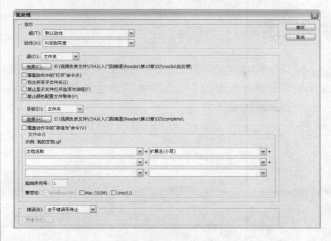

STEP 05

批处理图像

完成后单击"确定"按钮,Photoshop自动进行RGB到灰度模式的批处理,并将处理
图像存储到指定的目标路径。

Works 03　制作全景图像

 任务目标（实例概述）

　　本实例通过 Photoshop 中的 Photomerge、纹理、风格化滤镜等配合使用完成。在制作过程中，主要难点在于使用 Photomerge 对话框将选定的多个图像合并为全景图像。重点在于掌握"照片合并"和 Photomerge 对话框中各个选项功能的操作方法。

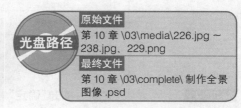

光盘路径

| 原始文件 |
| 第 10 章 \03\media\226.jpg ～ 238.jpg、229.png |
| 最终文件 |
| 第 10 章 \03\complete\ 制作全景图像 .psd |

 任务向导（知识精讲）

序　号	操作概要	知识点	知识水平
1	将选定的多个图像合并为全景图像	Photomerge	高级

Photomerge

　　Photomerge 命令可以快捷地将一个位置拍摄的多张图像合成到一张图像中，制作全景照片的效果。它可以将多个图像分配在不同的图层中，通过合并的版面模式将图片自然地连接在一起。任意指定连接照片的基准线后，在 Photomerge 对话框中调整照片的连接位置即可自动完成全景照片。执行"文件 > 自动 >Photomerge"命令，弹出"照片合并"对话框。

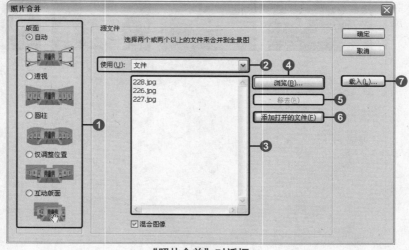

"照片合并"对话框

❶**版面**：设置图像版面的合并方式。

❷**使用**：通过下拉列表设置源文件为文件或文件夹。

❸在"使用"选项列表框中显示添加的源文件。

❹**浏览**：通过"打开"对话框选择需要添加的源文件。

❺**移去**：选择某个源文件并单击该按钮，移去该源文件。

❻**添加打开的文件**：直接将打开的文件作为源文件添加到"使用"下拉列表中。

❼**载入**：载入存储的 Photomerge 合成图像。

在"照片合并"对话框中的"版面"选项中单击"互动版面"选项，然后单击"确定"按钮，打开 Photomerge 对话框，互动地设置图像的排列顺序和合并方式。

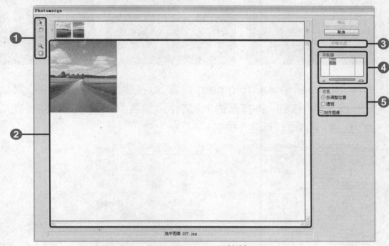

Photomerge 对话框

❶**工具箱**：对操作窗口中的图像进行拖动对齐、旋转和设置消失点的操作，以及缩放和移动视图。

❷**图像合并操作窗口**：将图像从上方的缩览图框中拖移至操作窗口中，进行图像的合并操作。

❸**存储合成**：将合成图像另存为 pmg 格式的合成文件。

❹**导航器**：查看合并图像的预览效果，并快速移动、缩放视图。

❺**设置**：设置仅对齐图像或调整透视。当选择"透视"单击按钮时，激活设置消失点工具▨。

设置中间图像的消失点

任务实现（操作步骤）

STEP 01
打开文档

执行"文件>打开"命令，打开本书配套光盘中的第10章\03\media\226.jpg～228.jpg
文件。

STEP 02
执行 Photome-
rge 命令

执行"文件>自动> Photomerge"命令，在弹出的"照片合并"对话框中单击"添加
打开的文件"按钮，将打开的3个文件添加到"使用"列表框中，完成后单击"互动版
面"选项，再单击"确定"按钮。

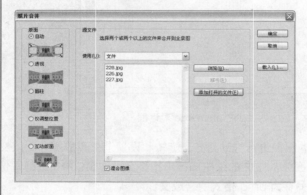

STEP 03
添加合并的图像

弹出Photomerge对话框后，单击选择图像工具，将显示的合并图像依次拖入下面
的操作窗口中，在右方的面板中勾选"对齐图像"复选框。

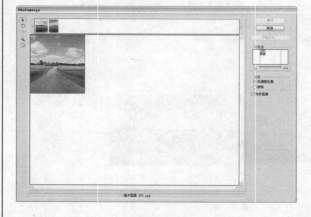

STEP 04
对齐合并的图像

单击缩放工具，然后在操作窗口中单击几次，适当放大视图，然后单击选择图像
工具，将各个图像的边缘进行精确地对齐，完成后单击"确定"按钮。

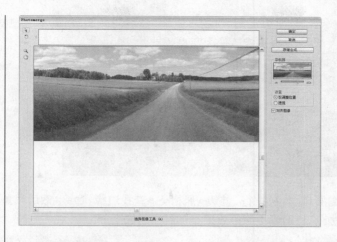

STEP 05
**合并图像并盖印
图层**

选定的图像合并为"未标题_全景图1.psd"文件，如果图像合并的边缘存在缝隙，可
以适当移动各个图层拼合缝隙，或在"图层"面板中调整图层蒙版的位置，再结合裁
剪工具 裁剪画面边缘多余的部分，完成后按快捷键Shift+Ctrl+Alt+E盖印图层为
"图层1"。

STEP 06
**添加"颗粒"滤
镜效果**

复制"图层1"为"图层1副本"，然后对"图层1副本"执行"滤镜>纹理>颗粒"命令，
在弹出的"颗粒"对话框中设置各项参数，完成后单击"创建新效果图层"按钮 ，
新建一层滤镜效果，然后执行"画笔描边>成角的线条"命令，设置各项参数，观察预
览效果。

STEP 07
添加滤镜效果

在"成角的线条"对话框中单击"确定"按钮，为图像创建纹理效果。

STEP 08
转换图像模式

复制"图层1"为"图层1副本2"，然后对"图层1副本2"执行"图像>模式>灰度"命令，将图像转换为灰度模式。

STEP 09
查找图像边缘

对"图层1副本2"执行"滤镜>风格化>查找边缘"命令，然后设置图层的混合模式为"叠加"，将图像边缘的效果叠加到原图像上。

STEP 10
添加其他素材

最后打开本书配套光盘中第10章\03\media\229.png文件，将其添加到作品中并调整到画面左方的空白处，丰富画面的构图，完成作品的制作。

Works 04　制作网页切片和链接

任务目标（实例概述）

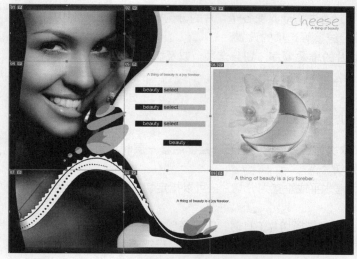

　　本实例运用 Photoshop 中的切片工具、切片选择工具、存储为 Web 和设备所用格式等的配合使用制作完成。在制作过程中，主要难点在于结合切片工具、切片选择工具创建并编辑切片，重点在于使用"存储为 Web 和设备所用格式"对话框将各个切片优化为 Web 图像。

光盘路径

原始文件
第 10 章 \04\media\230.jpg

最终文件
第 10 章 \04\complete\ 制 作 网页切片和链接 .html、制作网页切片和链接 .jpg

任务向导（知识精讲）

序　号	操作概要	知识点	知识水平
1	使用切片工具框选整个画面，创建切片 01	切片工具	高级
2	使用切片选择工具框划分切片	切片选择工具	高级

1. 切片工具

　　切片指将一个图像剪切为多个小的切片图像，使用 HTML 标签可以将切片图像组合为原来的状态。

　　当使用照片图像制作网页时，常会因为容量问题而影响上传和下载的速度。使用切片工具可以轻松地裁切图像中不需要的部分，自动制作 HTML 标记，并且把切片后的图像保存为不同的格式，从而减小文件的大小。创建切片主要有 3 种方法：使用切片工具在图像中随意地拖出切片区域；创建基于参考线的切片；结合"划分切片"对话框设置指定的切片数量。

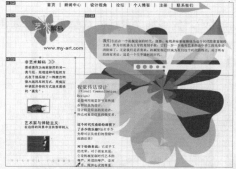
随意拖出切片区域

基于参考线的切片

通过切片工具的选项栏，可以设置切片的创建样式，以及是否基于参考线创建切片。

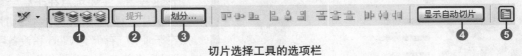

切片工具的选项栏

2. 切片选择工具

该工具主要用于选择和编辑指定的切片，通过拖动改变各个切片的分割区域，通过双击切片的分割序号，弹出"切片选项"对话框，为切片指定链接等选项的设置。

通过切片选择工具的选项栏可以设置切片的堆叠顺序、划分选项，以及切片的对齐方式。

切片选择工具的选项栏

❶**设置当前选定的切片的堆叠顺序**：依次为置为顶层、前移一层、后移一层和置为底层。

❷**提升**：将自动或图层切片提升到用户切片。

❸**划分**：通过弹出的"划分切片"对话框水平或垂直划分切片。可以指定切片个数或以指定的像素 / 切片大小，定义图像的切片数量。

❹**显示自动切片**：显示或隐藏自动切片。当选择切片工具时，图像将创建一个自动切片 01。

❺**为当前切片设置选项**：为切片指定切片类型、URL 链接、Alt 标记等选项的设置。其中 URL 指定链接的网页文件地址；"目标"指定要链接的网页文件的位置；"信息文本"指定的内容将出现在浏览器的状态栏中；"Alt 标记"指定浏览器的替换文本；"尺寸"指定图像映射的大小和位置；"切片背景类型"指定切片空白背景的类型和颜色。

 任务实现（操作步骤）

STEP 01
打开文档

执行"文件>打开"命令，打开本书配套光盘中第10章\04\media\230.jpg文件。

STEP 02
创建切片

单击切片工具，单击画面左上角并沿对角线拖动鼠标框选整个画面，创建切片01。

STEP 03
分割切片

单击切片选择工具 ，然后在选项栏中单击"划分"按钮，在弹出的"划分切片"对话框中分别设置"水平划分为"和"垂直划分为"选项中的各项参数，完成后单击"确定"按钮，图像被分割为水平和垂直各3个区域。

STEP 04
调整切片

使用切片选择工具单击切片06，然后向外拖移扩大该切片的分割区域，使该切片完全覆盖小窗口中的图像。

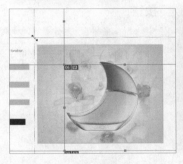

STEP 05
设置切片选项并存储为设备所用格式

双击切片06左上角的分割序号，弹出"切片选项"对话框，在URL文本框中输入链接网址，在"Alt标记"文本框中输入"新品推荐"，单击"确定"按钮，为切片06设置链接。执行"文件>存储为Web和设备所用格式"命令，单击"优化"标签，然后在右方面板中为选定的切片06设置"预设"为"JPEG高"。

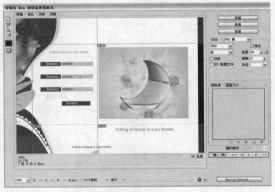

STEP 06
定义其他切片的"预设"

单击切片选择工具 ，然后按住Shift键的同时选择其他几个切片，可以在左下方设置较小的视图显示比例，方便切片的选择，完成后设置"预设"为"JPEG中"。

STEP 07
将优化结果存储
为指定的类型

单击对话框中的"存储"按钮,弹出"将优化结果存储为"对话框,设置"文件名"和"保存类型",然后在"设置"下拉列表中选择"其他",弹出"输出设置"对话框后再设置各项参数,完成后单击"确定"按钮。

STEP 08
创建 Images 文件
夹和 HTML 文档

在指定的存储路径中创建了Images文件夹和HTML文档文件,双击HTML文档文件,打开Web浏览器,画面显示网页效果,当光标移动到小窗口的位置,显示出先前定义的信息,单击该区域将跳转到指定的链接网址。

Works 05 制作图像动画

任务目标（实例概述）

本实例运用 Photoshop 中的"动画"面板、"图层"面板、存储为 Web 和设备所用格式等命令配合制作完成。在制作过程中，主要难点在于建立不同的帧以及在每个帧中设置好不同的图像。重点在于掌握"动画"面板中的复制帧、设置帧的播放速率，以及存储动画的方法。

光盘路径

原始文件
第 10 章 \05\media\ 制作图像动画 .psd

最终文件
第 10 章 \05\complete\ 制作图像动画 .gif

任务向导（知识精讲）

序　号	操作概要	知识点	知识水平
1	制作图像 gif 动画的各个帧	"动画"面板	高级
2	将动画帧创建为 gif 格式的动画文件	存储为 Web 和设备所用格式	高级

1."动画"面板

在 Photoshop CS4 中，"图层"面板和"动画"面板集合了强大的动画功能。其中"动画"面板和以往软件版本中的 ImageReady 的"动画"面板操作相同。执行"窗口 > 动画"命令，弹出"动画"面板，默认设置下和"测量记录"面板组合在一起。

"动画（帧）"面板

❶ 显示每帧的缩览效果，单击下方按钮，从弹出的下拉列表中选择每帧的播放速率。

❷ **选择循环选项**：从下拉列表中定义帧播放形式为一次、永远或其他。单击"其他"选项时弹出"设置循环次数"对话框，设置"播放"次数。

❸ **动画控制按钮**：通过各项按钮控制动画的播放和停止等。依次为，选择第一帧、选择上一帧、播放动画、选择下一帧。

Photoshop CS4从入门到精通（创意案例版）

❹**过渡动画帧**：在"过渡"对话框中设置过渡方式，在选定的图层之间添加帧数等，创建过渡动画帧。其中"参数"选项定义创建过渡动画帧时是否保留原来关键帧的位置、不透明度以及效果的属性。

❺**复制所选帧** ⬚ ：复制选定的帧，即创建一个帧，通过编辑这个帧以创建新的帧动画。

❻**删除所选帧** 🗑 ：删除当前选定的帧。

❼**转换为时间轴动画** ⬚⬚⬚ ：切换到"动画（时间轴）"面板，通过在时间轴中添加关键帧的方式设置各个图层在不同时间上的变化，从而创建动画效果。该面板对帧在时间轴上的变化的控制更加直观，基本操作方法为选定某个图层，然后拖动"当前时间指示器"到指定的时间，然后单击"位置"、"不透明度"或"样式"等属性前的"在当前时间添加或删除关键帧"按钮◀◆▶，添加一个关键帧，编辑这个关键帧即创建这个帧相应属性的动画。

2. 存储为 Web 和设备所用格式

需要以网页用图像的优化效果来进行保存时，执行"文件 > 存储为 Web 和设备所用格式"命令，在"存储为 Web 和设备所用格式"对话框中对存储为 Web 格式的图形进行预览、压缩格式、颜色、透明度等设置。

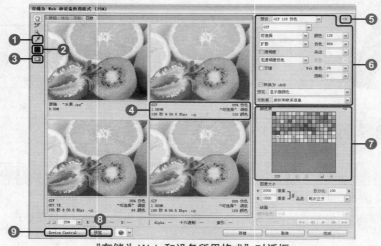

"存储为 Web 和设备所用格式"对话框

❶**吸管工具** 🖊 ：从图像中制作颜色的样本并吸取颜色。

❷**吸管颜色** ■ ：显示用吸管工具吸取的颜色，单击该按钮弹出"拾色器"对话框。

❸**切片可视性** ⬚ ：显示或隐藏预览窗口中的切片。

❹**图像信息**：显示选择的图像格式以及预览窗口中图像的预计下载时间等基本信息。

❺**预览菜单**：单击扩展按钮，在弹出的菜单中定义选定格式的连接速度，预计载入图像的时间。

❻**预设**：设置图像优化的格式及其相关选项。

❼**颜色表 / 图像大小**：设置 Web 安全颜色 / 图像的原稿大小和新建大小。

❽**在默认浏览器中预览**：在 Web 浏览器中预览作品。通过下拉列表选择浏览器菜单。

❾ **Device Central**：在 Adobe Device Central CS4 中将作品预览为手机移动设备的应用图像。

 任务实现（操作步骤）

STEP 01
打开文件

执行"文件>打开"命令，打开本书配套光盘中第10章\05\media\制作图像动画.psd文件，然后单击"图层"面板的快捷菜单中的"动画选项>总是显示"命令，显示图层中的各动画选项。

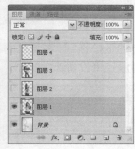

STEP 02
添复制所选的帧

执行"窗口>动画"命令，在弹出的"动画（时间轴）"面板中单击"转换为帧动画"按钮 ▭，转换到"动画（帧）"面板，然后单击"复制所选帧"按钮 ▭，复制一个帧2。

STEP 03
编辑帧 2

选定帧2并在"图层"面板中隐藏"图层1"，然后显示"图层2"，切换为另一个姿势。

STEP 04
复制帧 3 和帧 4

使用相同的方法，继续复制帧3和帧4，然后分别显示其他图层，在不同的帧中变换人物的不同姿势，注意在帧4中保留人物并显示文字。

STEP 05
复制帧5和图层4

复制帧5，然后隐藏"图层4"，再复制"图层4"为"图层4副本"，完成后显示"图层4副本"，并按快捷键Ctrl+T，适当调整文字的角度。

STEP 06
设置帧速率

单击帧1缩览图下方的下拉按钮，在弹出的下拉列表中选择0.2，完成后使用相同的方法，将其他帧的播放速率设置为0.2秒。

STEP 07
**存储为 Web 和
设备所用格式**

执行"文件>存储为Web和设备所用格式"命令，在弹出的"存储为Web和设备所用格式"对话框中设置"预设"为"GIF128仿色"，"循环选项"为"永远"，通过"循环选项"下方的播放按钮预览动画效果。

STEP 08
**存储为 gif 格式
的动画文档**

单击"存储"按钮，弹出"将优化结果存储为"对话框，设置文件名，并且在"保存类型"的下拉列表中设置格式为"仅限图像 (*.gif)"，完成后单击"保存"按钮，最后在存储的路径中双击gif文档，查看动画，至此，完成本实例的制作。

CHAPTER 11

综合实例

本章主要综合前面章节所学的知识和操作技巧，提炼后提供给读者进行综合性练习。使读者在巩固所学知识的同时制作完整的设计作品，并通过步骤讲解进一步了解作品的创作思路、各种工具和命令的使用技巧以及操作规律。

本章案例	知 识 点
Works 01 制作立体的几何图像	多边形套索工具、钢笔工具、图层样式
Works 02 制作炫彩宣传海报	图层蒙版、"曲线"命令、"色彩平衡"命令
Works 03 制作艺术纹理图像	图层蒙版、色彩范围、画笔工具、图层混合模式
Works 04 制作童趣合成图像	定义图案、"液化"滤镜、填充和调整图层

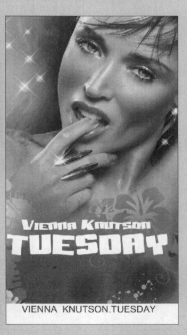

Works 01 制作立体的几何图像

 任务目标（实例概述）

本实例通过 Photoshop 中的选框工具、套索工具、横排文字工具、钢笔工具、图层样式等配合制作完成。在制作过程中，主要难点在于运用钢笔工具绘制形状，并结合图层样式为其添加立体质感。重点在于灵活运用"图层"面板对图层进行复制、合并等操作。

光盘路径

原始文件
第 11 章 \01\media\231.png~233.png

最终文件
第 11 章 \01\complete\ 制作立体的几何图像 .psd

 任务实现（操作步骤）

STEP 01
新建文档

执行"文件>新建"命令，在弹出的"新建"对话框中新建一个14.8厘米×10厘米的文件，单击"确定"按钮。

STEP 02
绘制矩形选框并填充

单击"创建新图层"按钮，新建"图层1"，然后单击矩形选框工具，在画面中心绘制选框，完成后设置前景色为蓝色（R0、G196、B253），按快捷键Alt+Delete填充选区，最后按快捷键Ctrl+D取消选区。

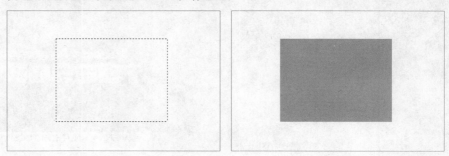

STEP 03
绘制多边形

单击多边形套索工具 ⊠，在矩形的左上角绘制一个多边形选区，完成后新建"图层2"并填充选区为蓝色（R1、G185、B255）。

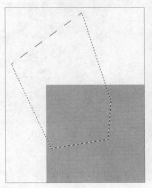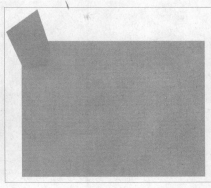

STEP 04
绘制多边形并删除反向选区

使用相同的方法，新建"图层3"并沿"图层2"多边形的转折尖角绘制一个多边形，填充为蓝色（R0、G165、B255），完成后按住Ctrl键的同时单击"图层2"的图层缩览图，载入图像选区，然后按快捷键Shift+Ctrl+I反向选取，最后按Delete键删除反向选区中的图像。

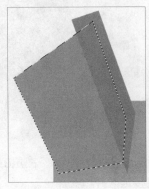

STEP 05
绘制立方体并合并图层

使用相同的方法，绘制立方体的顶面，然后绘制其他形态的立方体，完成后按快捷键Ctrl+E依次向下合并立方体的图层，合并到"图层2"。

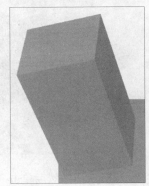

STEP 06
复制副本并调整图像

复制立方体所在的"图层2"为"图层2副本"，然后按快捷键Ctrl+E适当缩小立方体并旋转角度，再将其调整到矩形的右下角。完成后使用相同的方法，在矩形的四角绘制形态各异的立方体组。

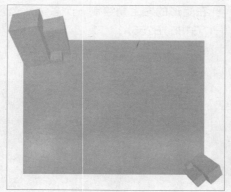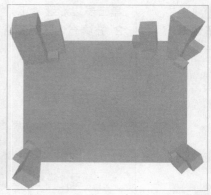

STEP 07

绘制路径并填充选区

使用与前面相同的方法，将除"图层1"以外的其他图层合并为"图层2"，然后新建"图层3"，再单击钢笔工具，绘制一个倾斜的五角星，完成后按快捷键Ctrl+Enter将路径作为选区载入，最后填充选区为黑色。

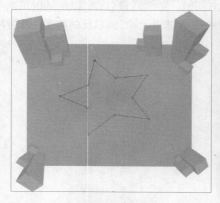

STEP 08

复制副本并创建连接选区

按住Shift+Alt键的同时向下垂直拖动五角星，复制一个"图层3副本"，然后单击多边形套索工具，创建两个五角星的连接选区并填充黑色。

STEP 09

渐变填充副本

复制"图层3"为"图层3副本2"，将该副本置为顶层，然后单击"锁定透明像素"按钮，锁定透明像素后单击渐变工具，在选项栏的"渐变编辑器"中设置色标为白色和灰色（R101、G99、B88），完成后适当调整大小。

STEP 10
添加图层样式

按住Shift键同时选择"图层3副本"和"图层3副本2",将其合并为"图层3副本",双击该图层弹出"图层样式"对话框,分别勾选"投影"、"内阴影"、"内发光"复选框,完成后设置各项参数。

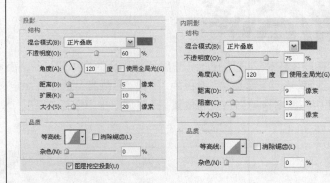

STEP 11
继续添加其他图层样式

继续勾选"斜面和浮雕"、"光泽"和"渐变叠加"复选框,分别设置各项参数,注意"斜面和浮雕"、"光泽"选项面板中"光泽等高线"和"等高线"的不同设置,注意观察预览效果。

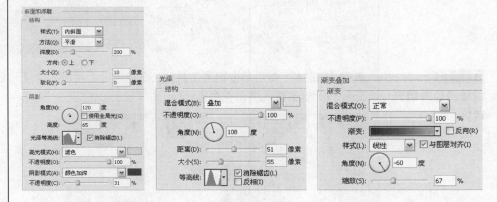

STEP 12
删除选区图像

完成设置后单击"图层样式"对话框中的"确定"按钮,为较大的五角星添加立体质感,然后按住Ctrl键同时单击"图层3"的图层缩览图,载入五角星的选区,完成后按下Delete键删除"图层3副本"选区图像。

STEP 13
定义图案

执行"文件>打开"命令,打开本书配套光盘中第11章\01\media\231.png文件,然后执行"编辑>定义图案"命令,在弹出的"图案名称"对话框中默认图层的名称,单击"确定"按钮,将其定义为图案。

STEP 14
创建图案叠加

双击"图层3副本",在弹出的"图层样式"对话框中勾选"斜面和浮雕"、"图案叠加"复选框,在"图案叠加"面板的"图案"拾色器中选择刚才定义的图案231.png,在画面中将图案拖动到适当的位置,完成后单击"确定"按钮。

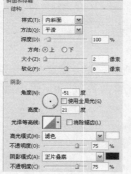
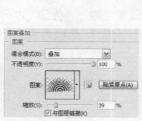

STEP 15
创建路径并填充选区

新建"图层4",然后单击钢笔工具,在五角星上绘制一个变形的数字5,完成后将路径作为选区载入并填充白色。

STEP 16

为"图层4"添加图层样式

双击"图层4",在弹出的"图层样式"对话框中分别勾选"投影"和"斜面和浮雕"复选框,设置各项参数,完成后单击"确定"按钮,添加数字的立体效果。

STEP 17

输入文字并复制副本

单击横排文字工具 T,然后在"字符"面板中设置各项参数,在数字5下面输入字母,完成后按住Alt键同时按向下方向键,复制一个文字副本并设置颜色为白色,再使用相同的方法,复制多个文字。

STEP 18

继续添加"描边"图层样式

合并所有白色文字,然后双击绿色文字图层,在弹出的"图层样式"对话框中勾选"描边"复选框,设置各项参数,完成后单击"确定"按钮。

STEP 19

继续添加"渐变叠加"和"描边"图层样式

双击白色文字图层,在弹出的"图层样式"对话框中分别勾选"渐变叠加"和"描边"复选框,设置各项参数,其中设置相同的渐变颜色。

STEP 20
添加"投影"图层样式

完成设置后单击"图层样式"对话框中的"确定"按钮，为文字添加渐变颜色的立体效果，然后合并绿色和白色文字，再使用与前面相同的方法，为合并文字添加一个"投影"图层样式。

STEP 21
添加素材

执行"文件>打开"命令，打开本书配套光盘中第11章\01\media\232.png文件，然后单击移动工具，将素材拖至作品中，得到"图层5"，完成后按快捷键Ctrl+T调整图像的大小，并将图层调整五角星下面。

STEP 22
填充选区

单击"锁定透明像素"按钮，锁定"图层5"的透明像素，然后单击魔棒工具，单击花纹的黑色部分，再执行"选择>选取相似"命令，选取图像中所有的黑色区域，完成后填充选区为绿色（R6、G144、B0）。

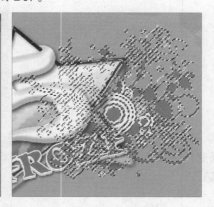

STEP 23
水平翻转并渐变填充背景

复制"图层5"为"图层5副本"，然后执行"图像>变换>水平翻转"命令，翻转后将副本花纹调整到五角星的另一侧，完成后选择"背景"图层并单击渐变工具，设置色标为灰色（R64、G64、B64）和灰色（R28、G28、B28），从上至下线性渐变填充。

STEP 24
定义画笔的形状动态

单击画笔工具 ，在选项栏中单击"切换画笔面板"按钮 ，弹出面板后选择"散布枫叶"画笔，然后分别勾选"形状动态"和"散布"复选框，完成后分别在右侧的面板中设置各项参数。

STEP 25
绘制枫叶

在"图层"面板中新建"图层6"，设置前景色为蓝色（R8、G213、B255），然后在画面中随意绘制，适当调整画笔的主直径。

STEP 26
添加素材并添加投影

为作品添加233.png文件，得到"图层7"，然后使用与前面相同的方法，为其添加投影效果。

STEP 27

添加"外发光"效果

使用与前面相同的方法，为"图层1"添加一个外发光效果，在面板中设置"混合模式"为"正片叠底"，颜色为黑色。

STEP 28

添加背景纹理

使用与前面相同的方法，将232.png文件定义为图案，在"背景"图层上新建"图层8"并填充白色，完成后在"图层样式"对话框中添加"图案叠加"样式，设置各项参数，单击"确定"按钮，完成作品的制作。

Works 02　制作炫彩宣传海报

任务目标（实例概述）

本实例通过 Photoshop 中的曲线、色彩平衡、图层蒙版、画笔工具、"图层"面板等配合制作完成。在制作过程中，主要难点在于灵活地运用图层蒙版制作图像的渐隐效果。重点在于运用"图层"面板复制图像，并且通过创建组来有效地管理繁多的图层。

光盘路径

原始文件
第 11 章 \02\media\234.jpg、235.png ～ 238.png

最终文件
第 11 章 \02\complete\ 制作炫彩宣传海报 .psd

任务实现（操作步骤）

STEP 01
新建文档并打开文档

新建一个10厘米×14.6厘米的文件, 完成后执行"文件>打开"命令, 打开本书配套光盘第11章\02\media\234.jpg文件。

STEP 02
调整曲线

执行"图像>调整>曲线"命令, 在弹出的"曲线"对话框中单击曲线并向上拖动, 或者在"输入"文本框中输入参数值, 单击"确定"按钮。

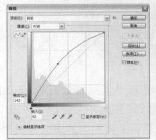

STEP 03

调整色彩平衡

按快捷键Ctrl+B弹出"色彩平衡"对话框，分别设置各个通道的色阶，完成后单击"确定"按钮，将图像的色调调整为暖色系。

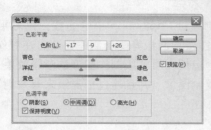

STEP 04

添加素材并用画笔绘制

使用移动工具将图像拖至新建文件中，得到"图层1"，然后新建"图层2"，单击画笔工具 ，在选项栏的"画笔预设"选取器中选择"喷枪柔边圆形300"，设置"不透明度"为30%，完成后设置前景色为黄色（R243、G248、B7），并在人物胸前绘制。

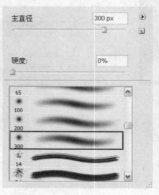

STEP 05

绘制不同的颜色

使用相同的方法，分别设置不同的前景色进行绘制，根据画面效果在选项栏中适当调整画笔的大小和不透明度，使颜色之间自然地融合。可以设置一个边缘清晰的画笔，绘制出底边的黄色矩形块。

STEP 06

添加素材并填充图像

执行"文件>打开"命令，打开本书配套光盘第11章\02\media\235.png文件，然后将其拖至当前操作的图像窗口中，得到"图层3"，完成后单击"锁定透明像素"按钮 ，填充红色（R251、G0、B4），完成后设置图层的混合模式为"正片叠底"。

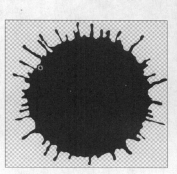  

STEP 07
**复制副本并进行
高斯模糊**

复制"图层3"的两个副本,分别填充不同的颜色,完成后选择深色墨点并取消透明像素的锁定,执行"滤镜>模糊>高斯模糊"命令,在弹出的"高斯模糊"对话框中设置"半径"为15像素,单击"确定"按钮。

 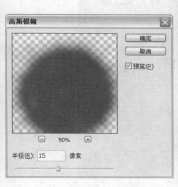 

STEP 08
**添加素材并填充
图像**

打开本书配套光盘第11章\02\media\236.png和237.png文件,然后将其拖至当前操作的图像窗口中,得到"图层4"和"图层5",完成后分别填充为绿色和红色,注意调整好图层的顺序。

STEP 09
添加蒙版效果

选择紫色墨点所在的图层,单击"添加图层蒙版"按钮 ,为图像添加一个图层蒙版,然后单击画笔工具 ,使用黑色进行绘制,遮住一些图像区域,完成后使用相同的方法,为其他素材添加蒙版效果。

STEP 10

新建组并添加图层蒙版

按住Shift键的同时全选除"图层1"以外的所有图层，然后在"图层"面板的快捷菜单中单击"从图层新建组"命令，将选定的图层新建到"组1"中，完成后单击矩形选框工具，创建选框后单击"添加图层蒙版"按钮，为"组1"添加一个基于选区的图层蒙版。

STEP 11

新建图层并渐变填充

在"图层1"上新建"图层6"，然后单击渐变工具，在"渐变编辑器"中设置色标为白色和蓝色（R25、G201、B235），完成后从画面左方进行径向渐变填充。

STEP 12

添加图层蒙版

使用与前面相同的方法，为"图层6"添加一个图层蒙版，然后结合画笔工具，遮住部分图像，只保留画面上方和下方的一些图像。

STEP 13
对选区描边

新建"图层7"并位于置顶层，然后按快捷键Ctrl+A全选，再执行"编辑>描边"命令，在弹出的"描边"对话框中设置"宽度"为20px，"颜色"为黑色，完成后单击"确定"按钮，为画面添加一个边框。

STEP 14
添加文字

单击横排文字工具，然后在"字符"面板中设置各项参数，完成后在画面正下方输入文字，根据画面效果适当调整字号，最后打开本书配套光盘第11章\02\media\238.png文件。

  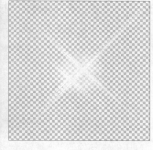

STEP 15
添加星光并调整墨点的图层蒙版

将238.png文件添加到作品中，复制多个副本并分别调整图像的大小，完成后将星光新建到"组2"中，最后根据画面效果调整墨点的图层蒙版，使其更自然地融合，并添加文字元素丰富画面，完成本实例的制作。

Works 03 制作艺术纹理图像

任务目标（实例概述）

本实例通过 Photoshop 中的滤镜、色阶、黑白、图层蒙版、画笔工具、图层混合模式等的配合使用制作完成。在制作过程中，主要难点在于使用色彩范围创建选区，快速进行抠图。重点在于在图层蒙版中灵活地添加滤镜效果，创建独特的纹理效果。

光盘路径	原始文件
	第 11 章 \03\media\239.psd、241.png、242.jpg ～ 244.jpg 等
	最终文件
	第 11 章 \03\complete\ 制作艺术纹理图像 .psd

任务实现（操作步骤）

STEP 01
新建文档并填充画面

执行"文件>新建"命令，在弹出的"新建"对话框中新建一个10厘米×13.8厘米的文件，单击"确定"按钮。然后新建"图层1"，再设置前景色为蓝色（R113、G200、B248）并按快捷键Alt+Delete填充画面。

STEP 02
添加图层蒙版并添加"云彩"滤镜效果

新建"图层2"并填充白色，然后单击"添加图层蒙版"按钮 ，完成后执行"滤镜>渲染>云彩"命令，对图层蒙版添加云彩效果。

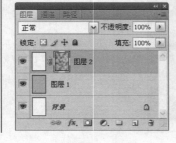

STEP 03
调整色阶

对图层蒙版执行"图像>调整>色阶"命令,在弹出的"色阶"对话框中设置各项参数,完成后单击"确定"按钮,增加白色图像区域。

STEP 04
添加"喷溅"和"阴影线"效果

继续对"图层2"的图层蒙版执行"滤镜>画笔描边>喷溅"命令,在弹出的"喷溅"对话框中设置各项参数,完成后单击对话框下方的"新建效果图层"按钮 ,新建效果图层后选择"阴影线"滤镜,并设置各项参数,最后单击"确定"按钮,画面中增加了画笔描边的效果。

STEP 05
添加"染色玻璃"效果

设置前景色为白色,背景色为黑色,然后复制一个"图层2副本",完成后执行"滤镜>纹理>染色玻璃"命令,在弹出的"染色玻璃"对话框中设置各项参数,单击"确定"按钮,对图层蒙版添加滤镜效果。

STEP 06
反相图层蒙版并填充图像

按快捷键Ctrl+I对图层蒙版反相,然后选择"图层2副本"的图层缩览图,前景色切换为蓝色,再按快捷键Alt+Delete填充图像。

Photoshop CS4从入门到精通（创意案例版）

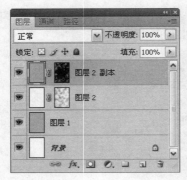

STEP 07
**复制副本并编辑
图层蒙版**

复制"图层2副本"为"图层2副本2"，然后设置前景色为黑色并填充图像，完成后单击画笔工具 ，在选项栏的"画笔预设"选取器中选择"喷枪柔边圆300"，然后在图层蒙版中绘制，遮住部分图像。

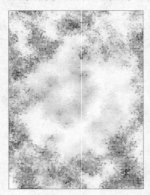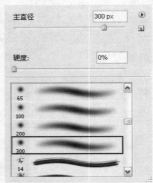

STEP 08
**绘制斜线段并设
置图层混合模式**

新建"图层3"，设置前景色为红色（R238、G65、B28），然后单击矩形工具 ，分别绘制一个1.5厘米×16厘米和0.3厘米×14.7厘米的矩形路径，并将其旋转45°，完成后在"路径"面板中单击"用前景色填充路径"按钮 ，填充后设置图层的混合模式为"变暗"。

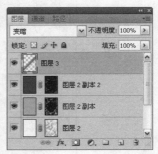

STEP 09
**添加素材并向下
合并**

执行"文件>打开"命令，打开本书配套光盘中第11章\03\media\239.psd文件，使用移动工具全选"图层1"和"图层2"并将其添加到作品中，得到"图层4"和"图层5"，完成后单击"锁定透明像素"按钮 ，分别锁定这两个图层的像素，然后填充红色，最后按快捷键Ctrl+E两次，向下合并到"图层3"。

STEP 10
添加图层样式

打开本书配套光盘中第11章\03\media\240.psd文件,结合多边形套索工具和移动工具,选取左下方的图形并添加到作品中,然后使用相同的方法,重新填充红色并合并到"图层3",最后为"图层3"添加图层蒙版。

  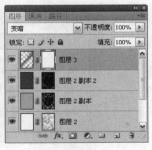

STEP 11
**添加素材并向下
合并图层**

在240.psd文件中按住Ctrl键的同时单击"图层1"的图层缩览图,载入图像选区,然后单击套索工具,拖动选区到作品中,完成后执行"选择>变换选区"命令,将其调整到画面左下方,然后在"图层3"的图层蒙版中填充灰色,最后按快捷键Ctrl+D取消选区。

STEP 12
**载入选区并填充
选区**

使用相同的方法,重复载入相同的选区并变换选区,然后在图层蒙版中填充灰色,创建斑驳效果,完成后打开本书配套光盘中第11章\03\media\241.png文件。

STEP 13
转换为黑白图像

执行"图像>调整>黑白"命令，在弹出的"黑白"对话框中设置各通道的参数，完成后单击"确定"按钮，将图像转换为黑白图像。

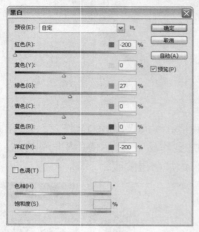

STEP 14
调整色阶

按快捷键Ctrl+L，弹出"色阶"对话框，分别向左拖动灰色和白色滑块，增强图像的亮色，完成后单击"确定"按钮。

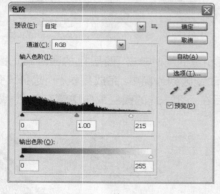

STEP 15
添加素材并设置
图层的混合模式

使用移动工具将调整图像拖至作品中，得到"图层4"，然后设置图层的混合模式为"正片叠底"，完成后打开本书配套光盘中第11章\03\media\242.jpg文件。

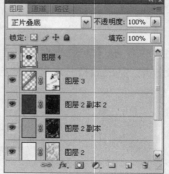

STEP 16
转换为黑白图像

执行"图像>调整>黑白"命令,在弹出的"黑白"对话框中设置各项参数,完成后单击"确定"按钮,将图像转换为层次丰富的黑白图像。

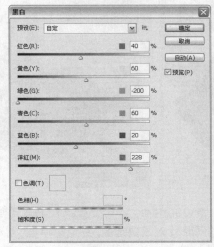

STEP 17
选择色彩范围并
复制选区图像

执行"选择>色彩范围"命令,在弹出的"色彩范围"对话框中设置"颜色容差"为180,然后使用吸管工具单击图像背景,单击"确定"按钮,完成后按快捷键Shift+Ctrl+I反向选取,并按快捷键Ctrl+J复制选区。

STEP 18
添加素材并擦除
多余图像

将调整图像添加到作品中,得到"图层5",然后设置图层的混合模式为"正片叠底",完成后单击橡皮擦工具 ，沿嘴唇轮廓擦除多余图像。

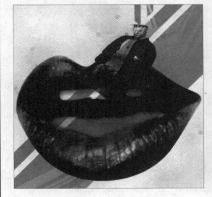

STEP 19
添加素材并转换
为黑白图像

使用与前面相同的方法，分别打开243.jpg、244.jpg、245.png和240.psd文件，抠取图像并转换为黑白图像，然后添加到作品中并调整到嘴唇的四周。

STEP 20
创建填充图层

打开本书配套光盘中第11章\03\media\246.png文件，将其添加到作品中，得到"图层10"，然后按住Ctrl键的同时载入图像选区，完成后单击"创建新的填充或调整图层"按钮 　 ，在弹出的快捷菜单中单击"纯色"，设置红色（R238、G65、B28），混合模式为"变亮"。

STEP 21
添加其他素材并
添加图层蒙版

继续添加本书配套光盘中的其他素材，按快捷键Ctrl+U弹出"色相/饱和度"对话框，根据画面效果分别调整色相和明度，使画面色调统一，完成后分别添加图层蒙版效果，蒙版覆盖嘴唇的多余图像，最后复制"图层3"为"图层3副本"，混合模式设置为"颜色减淡"，适当添加文字，完成本实例的制作。

Works 04　制作童趣合成图像

 任务目标（实例概述）

本实例通过 Photoshop 中的填充和调整图层、液化、定义图案、通道等配合使用制作完成。在制作过程中，主要难点在于结合填充和调整图层，以及图层蒙版和混合模式的运用，为图像创建各种不同的艺术效果。重点在于灵活地掌握液化滤镜等各种工具的操作方法。

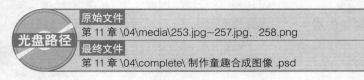

光盘路径

原始文件
第 11 章 \04\media\253.jpg~257.jpg、258.png

最终文件
第 11 章 \04\complete\ 制作童趣合成图像 .psd

 任务实现（操作步骤）

STEP 01
新建文档并打开文档

执行"文件>新建"命令，在弹出的"新建"对话框中新建一个10.7厘米×10厘米的文件，单击"确定"按钮。完成后执行"文件>打开"命令，打开本书配套光盘中第11章\04\media\253.jpg文件。

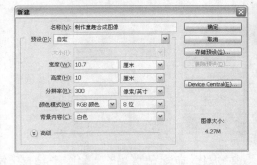

STEP 02
创建并填充图层

单击移动工具，将图像拖至新建文件中，得到"图层1"，然后单击"创建新的填充或调整图层"按钮，在弹出的快捷菜单中单击"渐变填充"命令，完成后在弹出的"渐变填充"对话框中设置渐变色标为绿色（R166、G164、B78）和绿色（R152、G183、B63）。

STEP 03
**设置图层的混合
模式并编辑蒙版**

完成各项设置后单击"确定"按钮，然后设置填充图层的混合模式为"颜色"，完成
后单击画笔工具 ，选择一个柔和的画笔并使用黑色在图层蒙版中绘制，使天空中
透出一些原图像的蓝色。

STEP 04
创建调整图层

使用相同的方法，创建一个"亮度/对比度"调整图层，在"亮度/对比度"对话框中增
强亮度和对比度，完成后单击"确定"按钮。

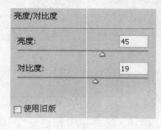

STEP 05
**选取图像并添加
到作品中**

打开本书配套光盘中第11章\04\media\254.jpg文件，然后单击快速选择工具 ，在
窗口中选取下方的草地，完成后单击移动工具 ，将选区图像拖至作品中，得到"图
层2"。

STEP 06
液化图像

对"图层2"执行"滤镜>液化"命令，在弹出的"液化"对话框中使用向前变形工具
对草地变形，完成后单击"确定"按钮。

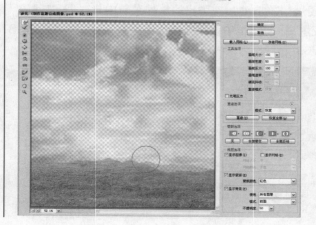

STEP 07
创建"曲线"调整图层

可以执行多次"液化"命令,修正草地的形状,完成后创建一个"曲线"调整图层,向下拖动曲线,降低图像的明度,完成后单击"确定"按钮。

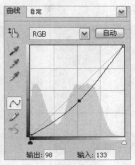

STEP 08
创建"亮度/对比度"调整图层

继续创建一个"亮度/对比度"调整图层,在"亮度/对比度"对话框中降低亮度,增强对比度,完成后单击"确定"按钮,使草地和整个画面的色调相统一。

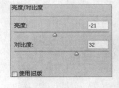

STEP 09
定义图案

打开本书配套光盘中第11章\04\media\255.jpg文件,然后执行"编辑>定义图案"命令,在弹出的"图案名称"对话框中保持默认名称,单击"确定"按钮,将图像定义为图案,最后按快捷键Ctrl+W关闭该文档。

STEP 10
填充图案并设置混合模式

新建"图层3",单击油漆桶工具,然后在选项栏的"图案"拾取器中选择刚才定义的图案,完成后单击画面填充图案,最后设置该图层的混合模式为"滤色","不透明度"为30%,画面中只显示白色纹理。

STEP 11
复制"红"通道

打开本书配套光盘中第11章\04\media\256.jpg文件，然后切换到"通道"面板，单击"红"通道观察图像中人物和背景的颜色对比较清晰，然后将该通道拖至"创建新通道"按钮 处，复制一个"红副本"通道。

STEP 12
调整色阶

按快捷键Ctrl+L弹出"色阶"对话框，分别单击设置黑场和白场的吸管，在灰色头发和皮肤亮部单击，将头发定义为黑场，皮肤定义为白场。

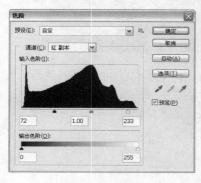

STEP 13
编辑通道

单击画笔工具 ，选择一个边缘清晰的画笔，使用白色沿人物进行绘制，可以打开其中一个通道，显示蒙版效果，然后根据蒙版区域将人物完全绘制为白色。

STEP 14
复制选区图像并添加到作品中

单击魔棒工具 ，在绘制的人物处单击选取，然后返回"图层"面板并单击选择"背景"图层，按快捷键Ctrl+J复制选区图像到"图层1"，完成后单击移动工具 ，将"图层1"的人物拖移到作品中，得到"图层4"，最后适当调整图像大小和位置。

将"渐变填充1"调整图层拖至"创建新图层"按钮 ⬜ 处,复制一个"渐变填充 1 副
本",然后按住Ctrl键同时单击"图层4"图层缩览图,载入图像选区,然后在图层蒙
版中填充白色,完成后按快捷键Shift+Ctrl+I反向选取,再填充选区为黑色,最后调
整"不透明度"。

打开本书配套光盘中第11章\04\media\257.jpg文件,复制"蓝"通道,然后使用与前
面相同的方法,将人物填充为白色,创建选区并复制到新图层。

将抠取的人物添加到作品中,得到"图层5",然后将图层调整到"渐变填充 1 副本"
的下方,完成后载入"图层5"的图像选区,并在"渐变填充 1 副本"的图层蒙版中填
充白色,将填充效果应用到人物上。

STEP 18
**添加选区图像并
变形**

使用套索工具选取254.jpg文件中的部分草地，得到"图层6"，然后执行"图像>变换>
变形"命令，弹出变形编辑框后分别拖动各个控制手柄，使图像向外凸出，完成后按
Enter键应用变形。

STEP 19
液化图像

对"图层6"执行"滤镜>液化"命令，在弹出的"液化"对话框中使用向前变形工具将
图像的边缘向内拖动变形，完成后单击"确定"按钮。

STEP 20
复制调整图像

按住Shift键的同时选择"曲线1"和"亮度/对比度2"调整图层，将其拖至"创建新图
层"按钮　　处，复制"曲线1副本"和"亮度/对比度2副本"，然后将这两个副本调
整到"图层6"的上面，完成后载入"图层6"的图像选区，并在副本调整图层蒙版中
进行填充，使调整图层效果仅影响液化的图像。

STEP 21
创建填充图层

再次载入"图层6"的图像选区,基于选区再创建一个"渐变填充"的填充图层,其中在"渐变填充"对话框中设置色标为绿色(R163、G161、B0)和绿色(R99、G135、B0),"角度"为-120°,完成后单击"确定"按钮,设置图层混合模式为"减淡","不透明度"为50%。

STEP 22
添加选区图像并
进行变形和液化

使用与前面相同的方法,选取254.jpg文件中的部分草地并添加到作品中,得到"图层7",进行变形和液化后,载入该图像的选区并在位于上面的填充和调整图层的蒙版中填充白色。

STEP 23
利用草地图像制
作小狗

使用与前面相同的方法,继续利用草地制作一个小狗的形态,并基于图像选区填充调整图层的蒙版,完成后单击"创建新组"按钮 ▭,新建"组1",将小狗所在的所有图层拖至该组中。

STEP 24

添加图层样式

双击"图层6"，在弹出的"图层样式"对话框中勾选"斜面和浮雕"复选框，然后在右方面板中设置各项参数，单击"确定"按钮，为图像添加阴影的立体效果。

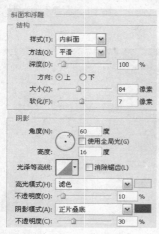

STEP 25

添加"斜面和浮雕"图层样式并编辑蒙版

使用相同的方法，为其他图像添加"斜面和浮雕"图层样式，根据图像的大小适当调整"大小"的像素值，完成后单击"亮度/对比度 2 副本"的图层蒙版，设置前景色为黑色，然后结合画笔工具在图像的受光部分绘制，增强亮部和暗部的对比度。

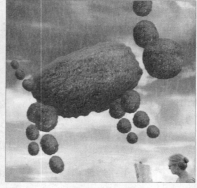

STEP 26

添加其他素材丰富画面

添加本书配套光盘中的其他素材文件，并新建图层，结合画笔工具和填充工具，绘制小狗的项圈和绳索，完成作品的制作。